算数だいじょうぶドリル 4年生 もくじ

3年生

4年生

おうちの方へ

教科書の内容すべてではなく、特につまずきやすい単元や次学年につながる内容を中心に構成しています。前の学年の内容でつまずきがあれば、さらにさかのぼって学習するのも効果的です。

キャラクターしょうかい

コッツはかせ

コツメカワウソのおじいさん。
子どもの算数の力を育てるための研究をしている。

カワちゃん

コツメカワウソの小学生。
休み時間にボールで遊ぶのが大好き！

ロボたま 次世代型算数ロボット＝ロボたま０号

コッツはかせがつくったロボット。
自分で考えて動けて進化できる、すごいやつ。

これから、勉強する内容だよ。
取り組む前に、名前と取り組んだ月日をかこう！

今日のやる気を☆にぬろう

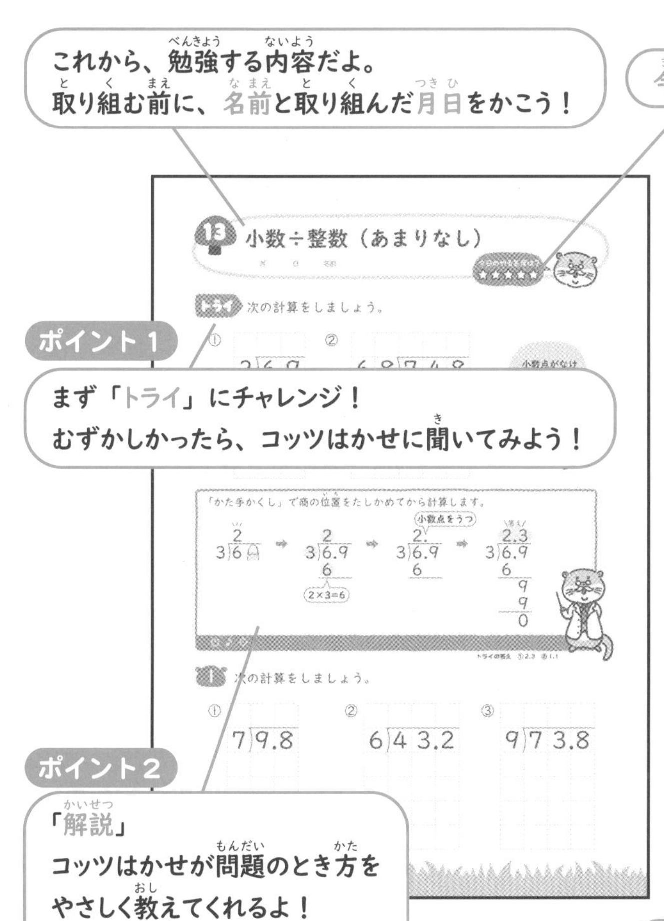

ポイント１

まず「トライ」にチャレンジ！
むずかしかったら、コッツはかせに聞いてみよう！

ポイント２

「解説」
コッツはかせが問題のとき方をやさしく教えてくれるよ！
読んで確認してみよう！

ポイント３

「トライ」ができたら
いろんな問題にチャレンジ！
１つずつていねいにとこう！

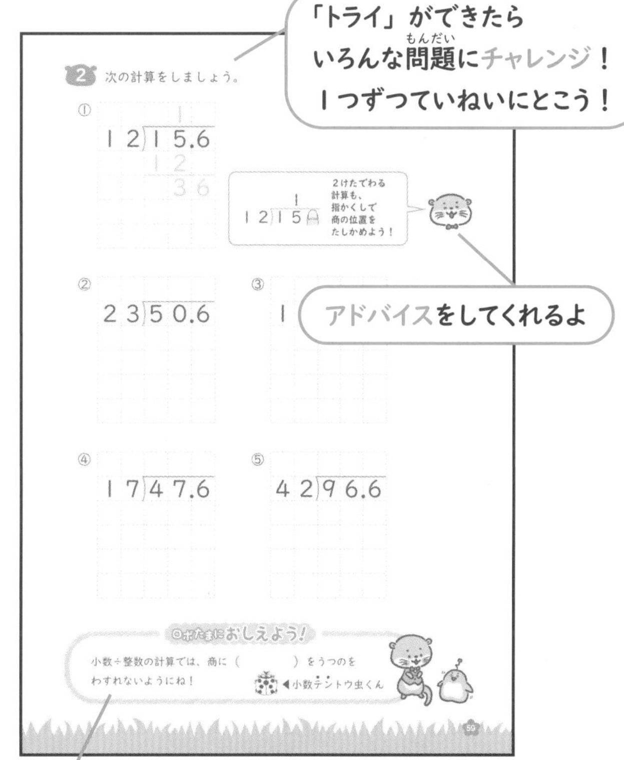

アドバイスをしてくれるよ

勉強したことを「ロボたま」に教えてあげよう！
きみが教えてあげると「ロボたま」が進化するんだ！

これもイイね！

ちょっとひと休み♪
「算数クロスワード」で
楽しく算数のべんきょうをしよう

「答え」をはずして使えるから
答えあわせがラクラクじゃ♪

ハイ！ガンバリ マショウ

1 きそ計算（たし算・ひき算）

月　　日　　名前

トライ 次(つぎ)の計算をしましょう。

① 6＋7＝　　　② 14－8＝

くり上がりやくり下がり、苦手(にがて)だなぁ

くり上がりのあるたし算

6　＋　7

3と10で13
6＋7＝13
3 3

答えが10より大きい（くり上がりがある）ときは、7を10にするために6を3と3にわけて7＋3＝10。
10にのこりの3をたして13。
10のかたまりを作ります。

くり下がりのあるひき算

14－8
8 2

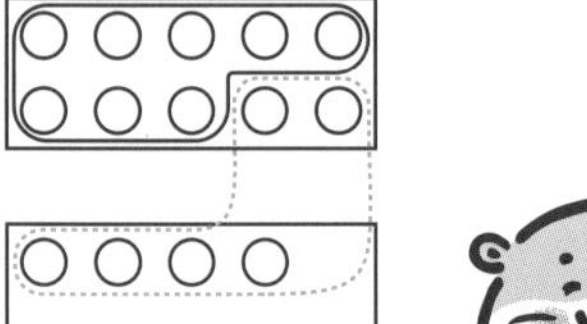

4から8はひけない（くり下がりがある）ので14の10から8をひいて2、2と4をたして6。

10からひいてのこりをたします。

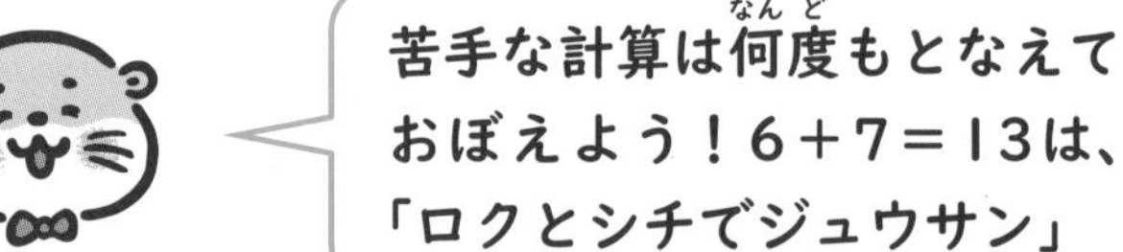

トライの答え　①13　②6

1 たし算をしましょう。

① 5＋6＝　　④ 9＋8＝　　⑦ 4＋9＝

② 7＋3＝　　⑤ 7＋9＝　　⑧ 8＋3＝

③ 2＋8＝　　⑥ 6＋4＝　　⑨ 5＋7＝

2 たし算をしましょう。

① 5＋9＝
② 2＋9＝
③ 6＋8＝
④ 3＋9＝
⑤ 8＋7＝
⑥ 7＋7＝
⑦ 8＋8＝
⑧ 4＋7＝
⑨ 1＋9＝
⑩ 5＋8＝
⑪ 9＋9＝
⑫ 6＋6＝

3 ひき算をしましょう。

① 11－2＝
② 13－9＝
③ 14－5＝
④ 16－8＝
⑤ 14－7＝
⑥ 13－8＝
⑦ 11－5＝
⑧ 15－9＝
⑨ 16－7＝
⑩ 11－8＝
⑪ 12－4＝
⑫ 17－9＝
⑬ 12－3＝
⑭ 15－7＝
⑮ 12－7＝
⑯ 11－4＝
⑰ 12－6＝
⑱ 18－9＝
⑲ 13－7＝
⑳ 15－8＝
㉑ 14－6＝

ロボたまにおしえよう!

1 ～ 3 でまちがえた問題(もんだい)は（ なし・（　　）問 ）だったよ！（○をつけよう）

2 0、10のかけ算と九九のきまり

月　　日　　名前

トライ 次(つぎ)の計算をしましょう。

① 3×0＝　　② 0×4＝　　③ 10×1＝

④ 3×6＝6×（　　）　　⑤ 3×8＝3×9－（　　）

九九に出てこないかけ算や、九九のきまりの問題(もんだい)だね

3のだんの答えをかき、㋐、㋑の問題(もんだい)をといてみましょう。

×	1	2	3	4	5	6	7	8	9
3			9				21		

㋐ 3のだんの答えは、（　　）ずつふえています。

㋑ 3×6は3×5より（　　）だけ大きいです。

・かける数が1ふえると、答えは
　かけられる数だけ大きくなります。

・かけられる数とかける数を入れかえても
　答えは同じです。　○×■＝■×○

・0にどんな数をかけても0です。

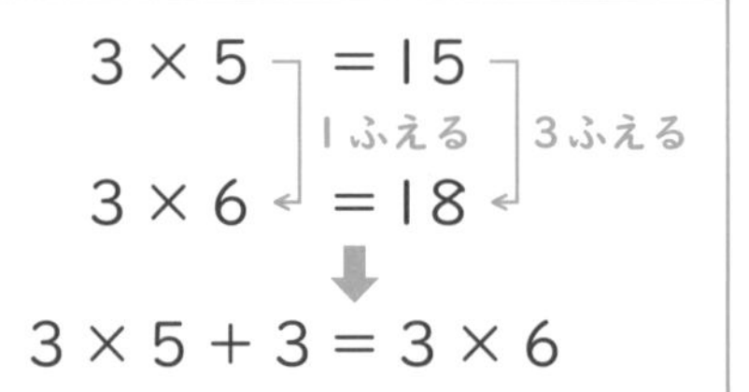

トライの答え　①0　②0　③10　④3　⑤3　／　㋐3　㋑3
（3のだんの答えはしょうりゃく）

1 次の計算をしましょう。

① 6×0＝　　② 0×0＝　　③ 10×5＝

2 （　）にあてはまる数をかきましょう。

① 4×7は、4×6より（　　）だけ大きい。

② 9×5＝5×（　　）

3 次の計算をしましょう。

① $2 \times 5 =$

② $7 \times 7 =$

③ $5 \times 8 =$

④ $8 \times 6 =$

⑤ $5 \times 2 =$

⑥ $6 \times 7 =$

⑦ $9 \times 4 =$

⑧ $4 \times 6 =$

⑨ $7 \times 5 =$

⑩ $8 \times 5 =$

⑪ $6 \times 9 =$

⑫ $2 \times 7 =$

⑬ $8 \times 4 =$

⑭ $9 \times 8 =$

⑮ $5 \times 5 =$

⑯ $4 \times 3 =$

⑰ $9 \times 6 =$

⑱ $8 \times 7 =$

⑲ $7 \times 4 =$

⑳ $5 \times 6 =$

㉑ $6 \times 6 =$

㉒ $7 \times 9 =$

㉓ $9 \times 5 =$

㉔ $8 \times 9 =$

㉕ $9 \times 9 =$

㉖ $4 \times 7 =$

㉗ $6 \times 5 =$

㉘ $7 \times 6 =$

㉙ $5 \times 3 =$

㉚ $7 \times 8 =$

㉛ $9 \times 7 =$

㉜ $6 \times 8 =$

㉝ $2 \times 9 =$

㉞ $8 \times 8 =$

㉟ $3 \times 5 =$

㊱ $4 \times 8 =$

3 あまりのないわり算

月　日　名前

トライ 次の問題に答えましょう。

㋐ 15このあめを３人に同じ数ずつ分けます。1人分は何こですか。

式

答え

㋑ 15このあめを1人に３こずつ分けます。何人に配れますか。

式

答え

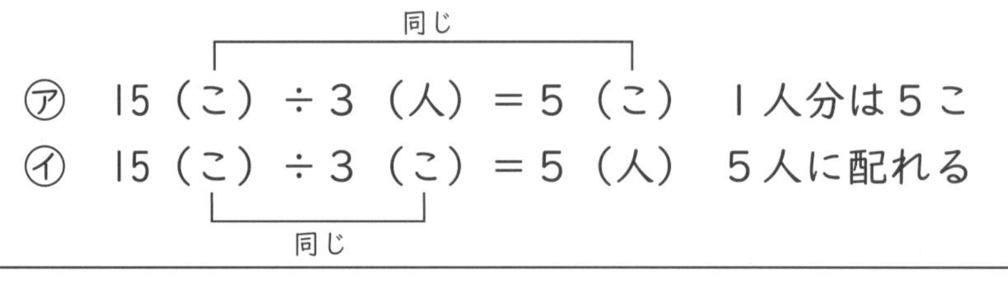

式の数字はどちらも　15÷３＝５ですが、
㋐のように何人かに「同じ数ずつ」分けるわり算と
㋑のようにいくつかずつ「何人かに」分けるわり算があります。

トライの答え　㋐ 15÷3=5、5こ　㋑ 15÷3=5、5人

1 次の文章問題は、上の㋐と㋑のどちらのわり算ですか。

（　　）40まいの色紙を５つのはんに同じ数ずつ分けます。1つのはんに何まいずつ分けられますか。

（　　）20このボールを４こずつ箱に入れます。箱は何箱いりますか。

（　　）30cmのリボンを６cmずつ切ります。リボンは何本できますか。

（　　）25このチョコレートを５人に同じ数ずつ分けます。1人分は何こですか。

2 次の計算をしましょう。

① $56 \div 7 =$

② $32 \div 8 =$

③ $27 \div 9 =$

④ $56 \div 8 =$

⑤ $35 \div 7 =$

⑥ $16 \div 4 =$

⑦ $63 \div 9 =$

⑧ $21 \div 7 =$

⑨ $36 \div 9 =$

⑩ $54 \div 6 =$

⑪ $24 \div 8 =$

⑫ $45 \div 9 =$

⑬ $14 \div 7 =$

⑭ $72 \div 9 =$

⑮ $64 \div 8 =$

⑯ $48 \div 6 =$

⑰ $35 \div 5 =$

⑱ $63 \div 7 =$

⑲ $24 \div 6 =$

⑳ $48 \div 8 =$

㉑ $54 \div 9 =$

㉒ $32 \div 4 =$

㉓ $49 \div 7 =$

㉔ $36 \div 4 =$

㉕ $18 \div 3 =$

㉖ $81 \div 9 =$

4 あまりのあるわり算

月　　日　　名前

あまりのあるわり算のとっくんだ〜！

1 次(つぎ)の計算をしましょう。

①	19÷9＝ 2 あまり 1	⑬	82÷9＝　あまり
②	48÷7＝ 6 あまり	⑭	4÷6＝　あまり
③	3÷5＝ 0 あまり	⑮	5÷3＝　あまり
④	38÷9＝　あまり	⑯	16÷6＝　あまり
⑤	77÷8＝　あまり	⑰	66÷7＝　あまり
⑥	33÷6＝　あまり	⑱	7÷2＝　あまり
⑦	9÷7＝　あまり	⑲	29÷7＝　あまり
⑧	27÷8＝　あまり	⑳	26÷4＝　あまり
⑨	59÷6＝　あまり	㉑	49÷8＝　あまり
⑩	48÷9＝　あまり	㉒	57÷9＝　あまり
⑪	32÷6＝　あまり	㉓	24÷7＝　あまり
⑫	19÷3＝　あまり	㉔	33÷5＝　あまり

③はわる数がわられる数より
大きいから3÷5＝0あまり3
という答えになるね

2 次の計算をしましょう。

あまりを出すときに
くり下がりの計算になるよ！

① 11÷8＝ 1 あまり 3

8

② 43÷9＝ あまり

36

③ 12÷7＝ あまり

④ 50÷8＝ あまり

⑤ 41÷9＝ あまり

⑥ 12÷8＝ あまり

⑦ 11÷9＝ あまり

⑧ 23÷6＝ あまり

⑨ 62÷9＝ あまり

⑩ 53÷6＝ あまり

⑪ 60÷8＝ あまり

⑫ 30÷9＝ あまり

⑬ 54÷8＝ あまり

⑭ 26÷9＝ あまり

⑮ 53÷8＝ あまり

⑯ 54÷7＝ あまり

⑰ 71÷8＝ あまり

⑱ 51÷9＝ あまり

⑲ 22÷8＝ あまり

⑳ 40÷9＝ あまり

㉑ 14÷8＝ あまり

㉒ 61÷9＝ あまり

㉓ 41÷6＝ あまり

㉔ 15÷9＝ あまり

㉕ 50÷7＝ あまり

㉖ 42÷9＝ あまり

5 わり算　まとめ

月　日　名前

1 次(つぎ)の計算をしましょう。

① 10÷8＝ 1あまり2

② 4÷9＝ 0あまり4

③ 63÷8＝

④ 25÷5＝

⑤ 51÷8＝

⑥ 70÷9＝

⑦ 31÷8＝

⑧ 80÷9＝

⑨ 34÷9＝

⑩ 11÷3＝

⑪ 24÷9＝

⑫ 42÷6＝

⑬ 22÷6＝

⑭ 21÷8＝

2 はばが30cmの本立てに、あつさ4cmの本を入れます。本は何さつ入りますか。

式(しき)

答え ＿＿＿＿＿＿

3 子どもが41人います。1きゃくの長いすに6人ずつすわります。全員(ぜんいん)がすわるには、長いすは何きゃくいりますか。

式

答え ＿＿＿＿＿＿

4 次の計算をしましょう。

① $63 \div 9 =$

② $49 \div 8 =$

③ $34 \div 7 =$

④ $62 \div 8 =$

⑤ $2 \div 5 =$

⑥ $71 \div 9 =$

⑦ $46 \div 5 =$

⑧ $35 \div 9 =$

⑨ $25 \div 3 =$

⑩ $18 \div 2 =$

⑪ $32 \div 7 =$

⑫ $36 \div 6 =$

⑬ $29 \div 4 =$

⑭ $3 \div 7 =$

⑮ $52 \div 8 =$

⑯ $33 \div 7 =$

⑰ $37 \div 9 =$

⑱ $32 \div 4 =$

⑲ $55 \div 7 =$

⑳ $26 \div 5 =$

㉑ $61 \div 8 =$

㉒ $31 \div 4 =$

㉓ $17 \div 7 =$

㉔ $72 \div 8 =$

㉕ $26 \div 6 =$

㉖ $22 \div 9 =$

ロボたまにおしえよう！

80ページの本を１日９ページずつ読むと、読み終(お)えるまでの日数は、80÷９＝８あまり８だから（　　）日かかるよ。こんな計算も、わり算を使(つか)うとできるね！

6 3けたのたし算

月　日　名前

トライ　次(つぎ)の計算をしましょう。

①

	4	7	3
+	2	1	4

②

	2	4	8
+		8	7

③

	1	6	4
+	2	5	9

くり上がりがあるのかな？ないのかな？

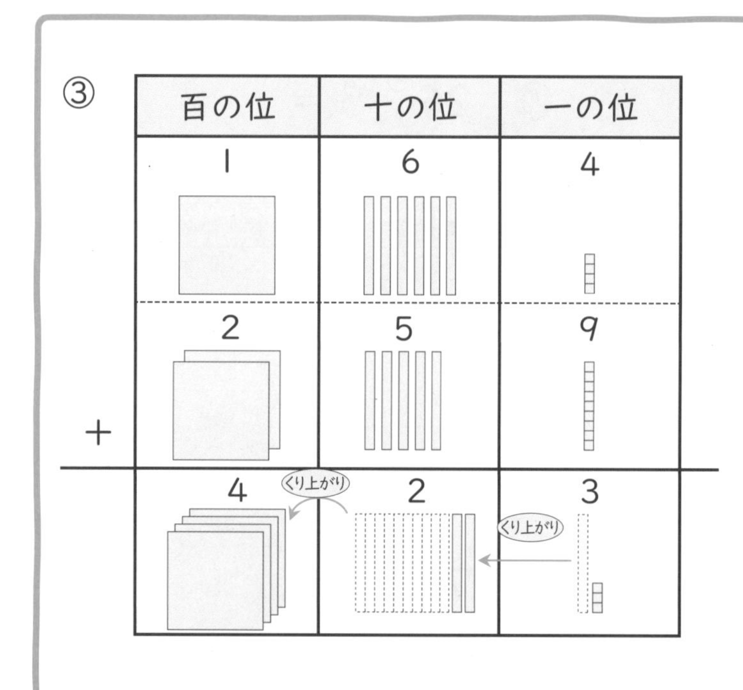

一の位(くらい)

4 + 9 = 13

↓ くり上がり

十の位

6 + 5 + 1 = 12

↓ くり上がり

百の位

1 + 2 + 1 = 4

	1	6	4
+	2	5	9
	4	2	3

トライの答え　① 687　② 335　③ 423

1　次の計算をしましょう。

①

	5	3	4
+	4	4	2

②

	4	3	6
+		6	7

③

	5	9	6
+	2	3	3

2 次の計算をしましょう。

①
	4	7	9
+		6	3

②
		5	6
+	4	8	7

③
	1	9	8
+		6	4

④
	2	3	9
+	5	9	2

⑤
	6	7	8
+	1	4	3

⑥
	3	3	5
+	2	7	6

⑦
	2	5	9
+	3	4	3

⑧
	2	2	7
+	4	7	5

⑨
	5	1	8
+	1	8	6

⑩
	4	6	2
+	2	3	8

⑪
	3	5	7
+	1	4	3

⑫
	3	2	6
+	4	7	4

ロボたまにおしえよう！

	3	4	5
+	2	□	□
	□	□	□

くり上がりが２回あるたし算を作ってみよう！
答えは（　　　　）になったよ。

7 3けたのひき算

月　　日　　名前

今日のやる気度は？ ☆☆☆☆☆

トライ 次（つぎ）の計算をしましょう。

①
	2	9	4
−	1	3	3

②
	5	3	6
−		9	9

③
	3	2	5
−	1	3	8

③

	百の位	十の位	一の位
	3 → 2	2 → 1（くり下がり）	5（くり下がり）
−	1	3	8
	1	8	7

一の位（くらい）
5から8はひけないので、
十の位からくり下げて
15 − 8 = 7

十の位
1から3はひけないので
百の位からくり下げて
11 − 3 = 8

百の位
2 − 1 = 1

トライの答え　①161　②437　③187

1 次の計算をしましょう。

①
	5	6	8
−	3	2	5

②
	9	3	5
−		5	7

③
	8	1	6
−	5	2	4

2 次の計算をしましょう。

① 627 − 58

② 384 − 97

③ 635 − 267

④ 713 − 514

⑤ 624 − 229

⑥ 735 − 137

⑦ 504 − 126

⑧ 806 − 547

⑨ 302 − 135

⑩ 800 − 437

⑪ 500 − 164

⑫ 700 − 319

ロボたまにおしえよう！

345 − 1□□ = □□□

くり下がりが２回あるひき算を作ってみよう！
答えは（　　　）になったよ。

8 一万をこえる数

月　　日　　名前

トライ ①、②は数を数字でかき、③は（　）にあてはまる数をかきましょう。

① 三千五百八十二万七千六百

千	百	十	一	千	百	十	一
万							

② 五千二十三万九十九

千	百	十	一	千	百	十	一
万							

③ 百万を10こ集(あつ)めた数は（　　　　）万です。

4けたごとに区切(くぎ)っていて、読みやすいね

一万より大きい数

	千	百	十	一	千	百	十	一	千	百	十	一
	億				万							
千を10こ集めた数が一万 ➡								1	0	0	0	0
一万を10こ集めた数が十万 ➡							1	0	0	0	0	0
十万を10こ集めた数が百万 ➡						1	0	0	0	0	0	0
百万を10こ集めた数が千万 ➡					1	0	0	0	0	0	0	0
千万を10こ集めた数が一億(おく) ➡				1	0	0	0	0	0	0	0	0
①					3	5	8	2	7	6	0	0
②					5	0	2	3	0	0	9	9

トライ①、②の答えだよ。
「0」もわすれずにかこう！

トライの答え　③1000（千）

次(つぎ)の数を（　）に数字でかきましょう。

① 二万四千八百三十五　（　　　　　）

② 六千八百万九百二　（　　　　　）

③ 1000万を5こと100万を6こあわせた数　（　　　　　）

④ 1億より1小さい数　（　　　　　）

トライ 次の（　）にあてはまる数をかきましょう。

450を10倍（ばい）すると（　　　　）、10でわると（　　　　）。

数は10倍（×10）するごとに位（くらい）が1けたずつ上がります。
100倍すると2けた、1000倍すると3けた上がります。
また、10でわる（÷10）ごとに位が1けたずつ下がります。

5

50	10倍			10でわる
500	10倍	100倍		10でわる
5000	10倍		1000倍	10でわる
50000	10倍	100倍		10でわる
500000	10倍			10でわる
5000000	10倍	100倍	1000倍	10でわる

10倍すると0が1つふえ、
10でわると0が1つへっているね！

トライの答え　4500、45

1 次の数を［　］にかかれた倍の数にしましょう。

① 321［10］　（　　　　）
② 8500［100］　（　　　　）
③ 20万［100］　（　　　　）

2 次の数を10でわった数にしましょう。

① 2500　（　　　　）
② 700万　（　　　　）
③ 8020万　（　　　　）
④ 1億　（　　　　）

3 次の数直線の↑がしめす数を（　）にかきましょう。

500万　600万　700万　800万

①（　　　　）　②（　　　　）

ロボたまにおしえよう！

1億を数字でかくと、1に0が（　　）こついているよ。

9 １けたをかけるかけ算

月　　日　　名前

トライ　次（つぎ）の計算をしましょう。

①

② 26 × 7

③ 321 × 3

②はくり上がりがあるね

位（くらい）をそろえてかき、一の位から計算していきましょう。

	1	2
×		4
	4	8

㋐　4×2＝8
㋑　4×1＝4
㋒　答えは48

２けた×１けたと同じように、一の位からじゅんに計算していきましょう。

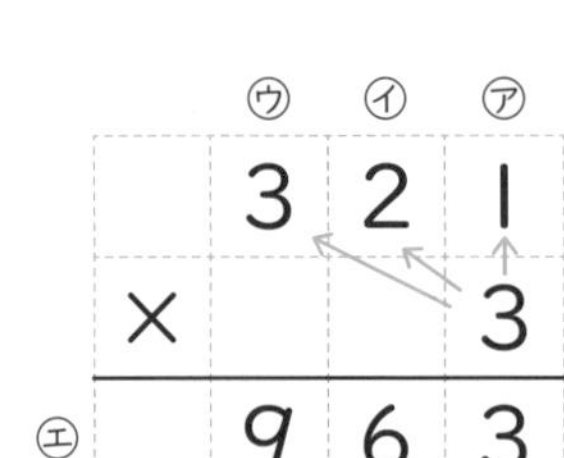

㋐　3×1＝3
㋑　3×2＝6
㋒　3×3＝9
㋓　答えは963

トライの答え　①48　②182　③963

次の計算をしましょう。

①
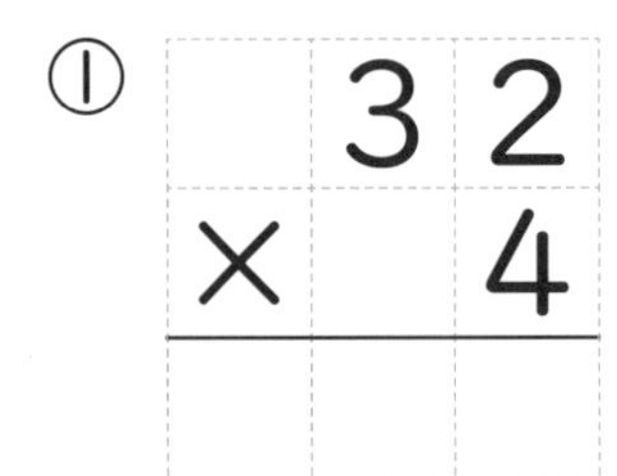

② 23 × 9

③ 75 × 2

④ 493 × 2

⑤ 230 × 4

⑥ 108 × 6

10 2けたをかけるかけ算 ①

トライ 次の計算をしましょう。

① 24 × 12

② 64 × 27

③

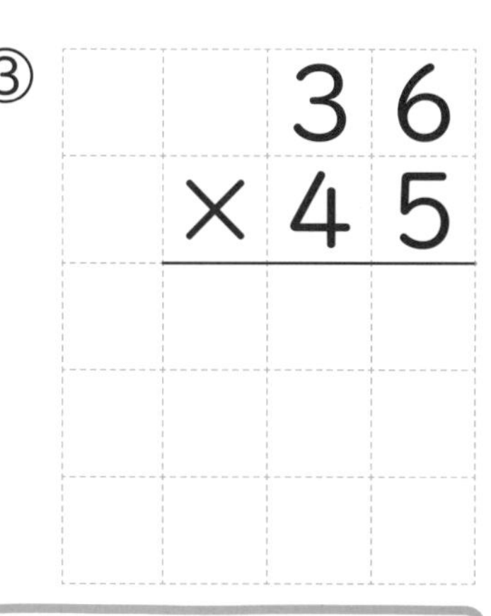

位ごとに数を分けて、九九とたし算をします。

	2	4
×	1	2
	4	8

→

	2	4
×	1	2
	4	8
2	4	

→

	2	4
×	1	2
	4	8
2	4	◌
2	8	8

線をわすれずにね！

㋐ 2×4＝8
㋑ 2×2＝4　㋒ 1×4＝4
㋓ 1×2＝2　㋔ 48＋240＝288　㋕ 答え 288

トライの答え ①288 ②1728 ③1620

次の計算をしましょう。

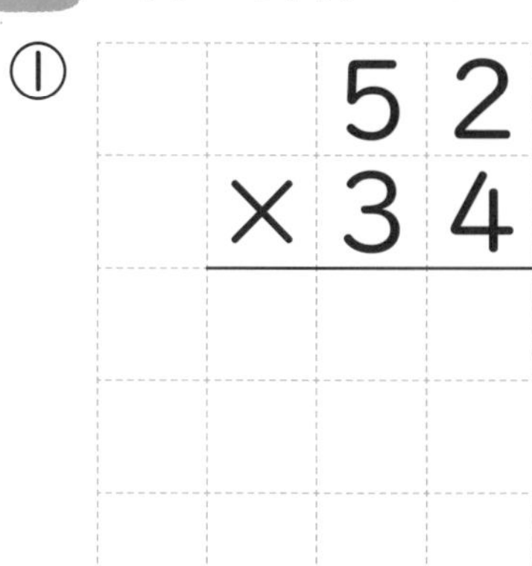

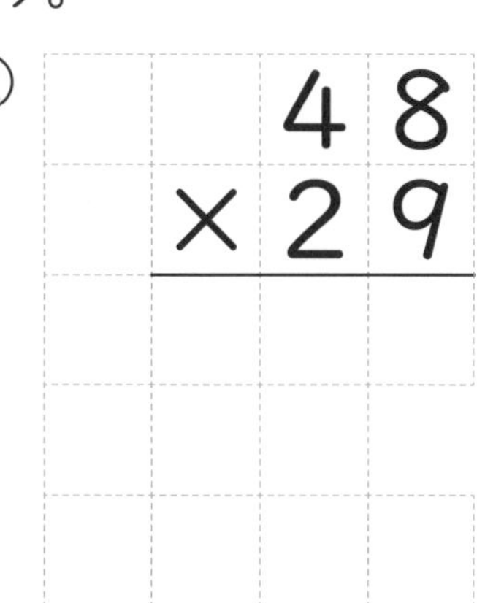

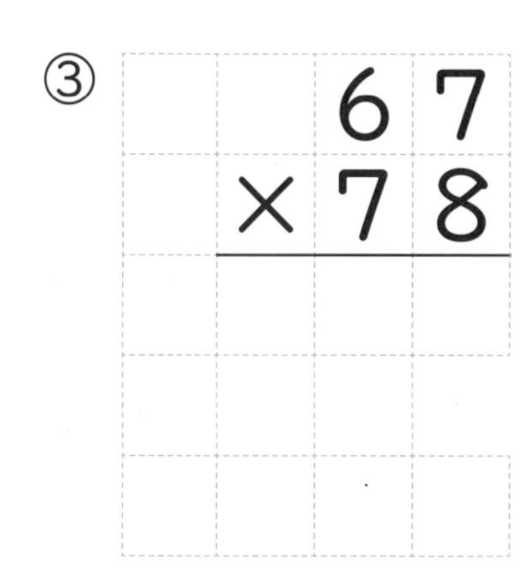

ロボたまにおしえよう！

	2	4
×	1	2

の答えは、24×2＝（　　　）と
24×（　　　）＝（　　　）をたした数だよ。

11 2けたをかけるかけ算 ②

月　日　名前

トライ 次(つぎ)の計算をしましょう。

①

	1	2	5
×		3	5

②

	3	4	2
×		2	6

③

	2	0	7
×		4	2

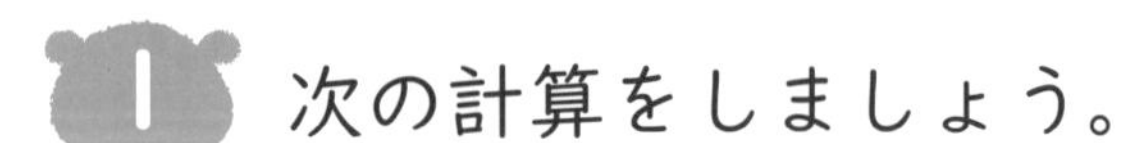

2けた×2けたと同じように、位(くらい)ごとに分けて九九とたし算をします。

	1	2	5
×		3	5
	6	2	5

→

	1	2	5
×		3	5
	6	2	5
3	7	5	

→

	1	2	5
×		3	5
	6	2	5
3	7	5	
4	3	7	5

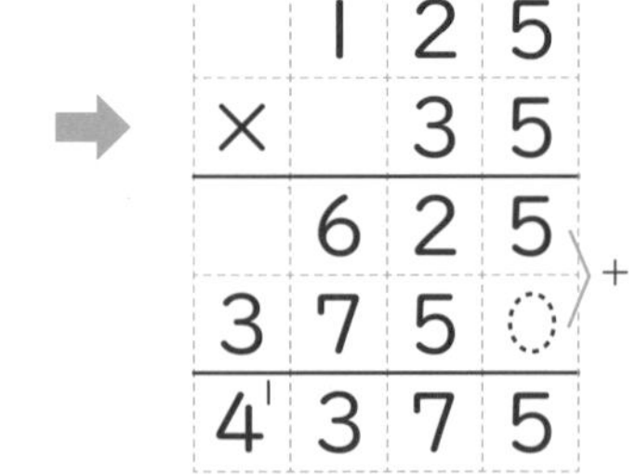

トライの答え　①4375　②8892　③8694

1 次の計算をしましょう。

①

	3	1	2
×		2	1

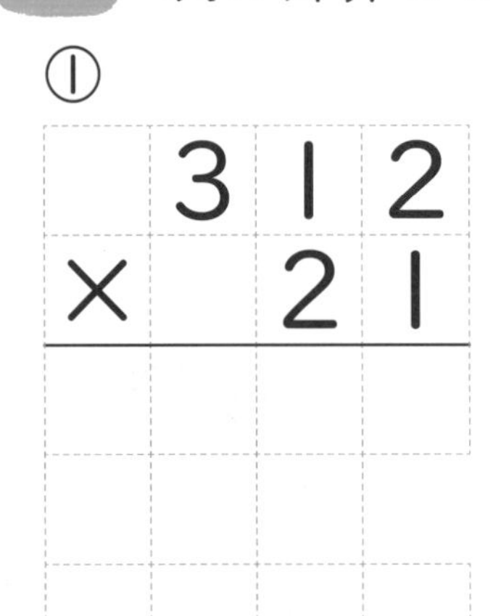

②

	4	9	3
×		8	7

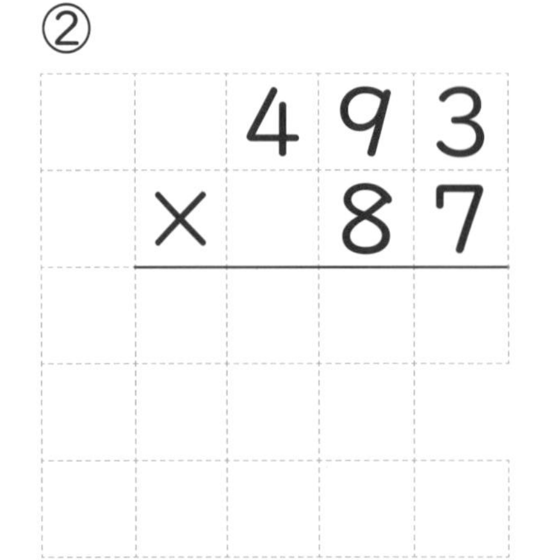

③

	1	0	6
×		5	8
	8	4	8

2 次の計算をしましょう。

① 91×14

② 30×62

③ 43×27

④ 55×46

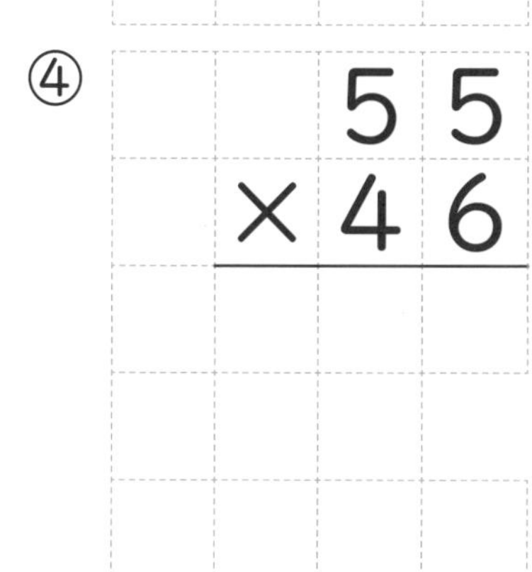

⑤ 64×97

⑥ 87×76

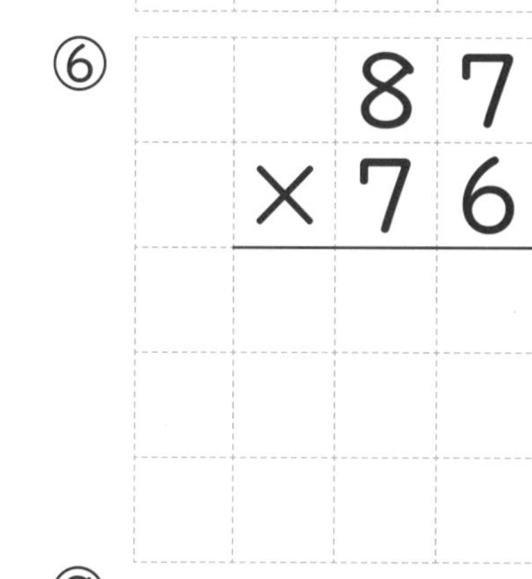

⑦ 232×45

⑧ 263×57

⑨ 659×73

⑩ 509×84

⑪ 703×45

⑫ 600×48

ロボたまにおしえよう！

12問（もん）中10問正かいで合かく！12問中（　　　）問できたよ。

12 小数

月　日　名前

トライ 次の問いに答えましょう。

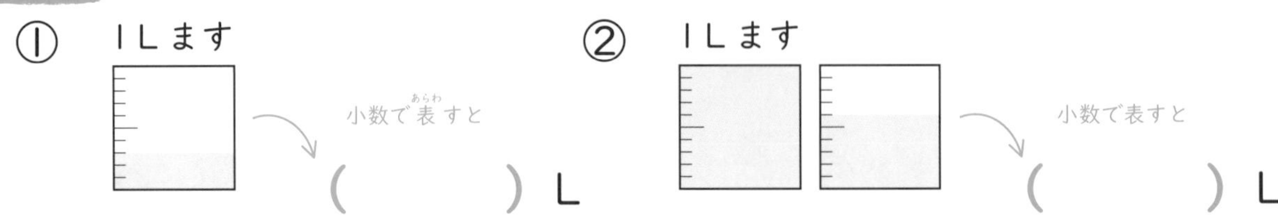

③ 0.1を7こ集めた数は (　　　) です。

④ ↑がさしている数をかきましょう。

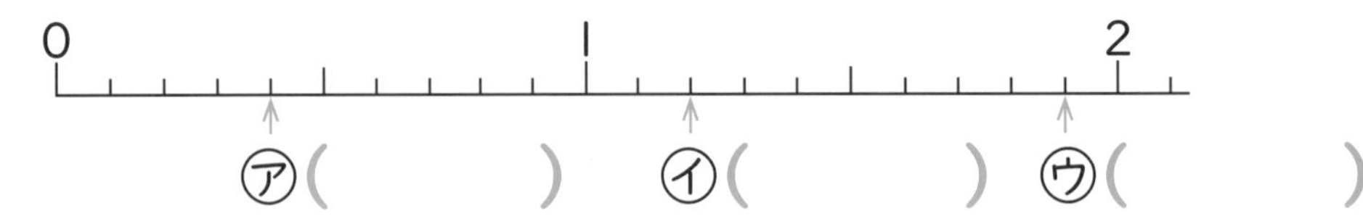

1Lますの目もりを10等分した1こ分のかさを0.1L（れい点一リットル）といいます。

0.1のような数を小数といい、「0」と「1」の間の点を「小数点」といいます。

小数点のすぐ右の位を小数第一位、または $\frac{1}{10}$ の位といいます。

1は0.1を10こ集めた数です。

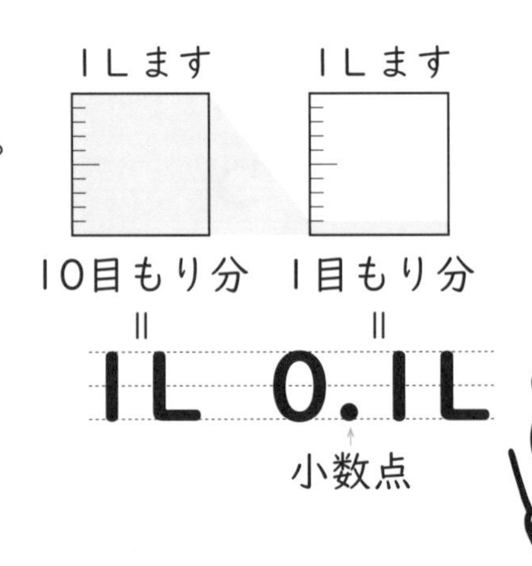

トライの答え　①0.3　②1.6　③0.7　④㋐0.4　㋑1.2　㋒1.9

□にあてはまる数をかきましょう。

① 0.8は0.1を□こ集めた数です。

② 1と0.4をあわせた数は□です。

③ 3.5は3と□をあわせた数です。

④ 2.4は0.1を□こ集めた数です。

トライ 次の計算をしましょう。

① $\begin{array}{r} 1.3 \\ +\ 4.2 \\ \hline \end{array}$

② $\begin{array}{r} 1 \\ -\ 0.6 \\ \hline \end{array}$

〈たし算〉

	1	.3
+	4	.2
	5	.5

〈ひき算〉

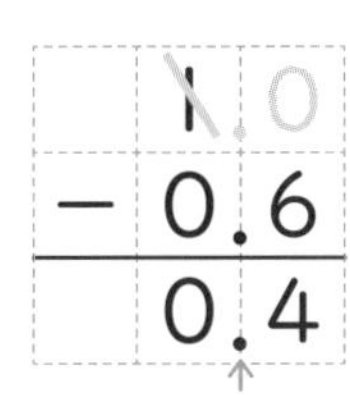

	1	.0
−	0	.6
	0	.4

位をそろえてかき、整数と同じように計算し、小数点をうちます。

1.0−0.6と考えよう

トライの答え ①5.5 ②0.4

次の計算をしましょう。

① $\begin{array}{r} 0.6 \\ +\ 0.3 \\ \hline \end{array}$

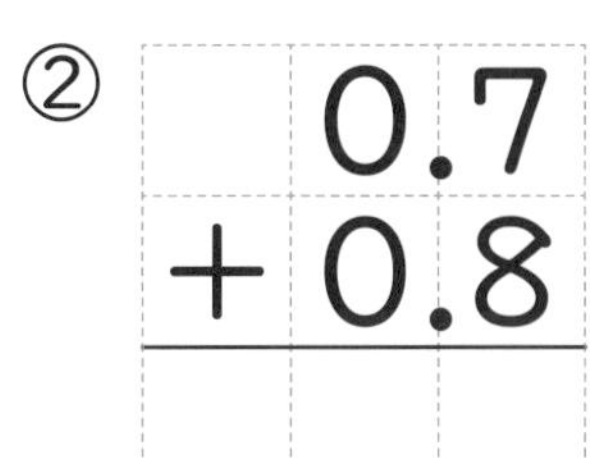

② $\begin{array}{r} 0.7 \\ +\ 0.8 \\ \hline \end{array}$

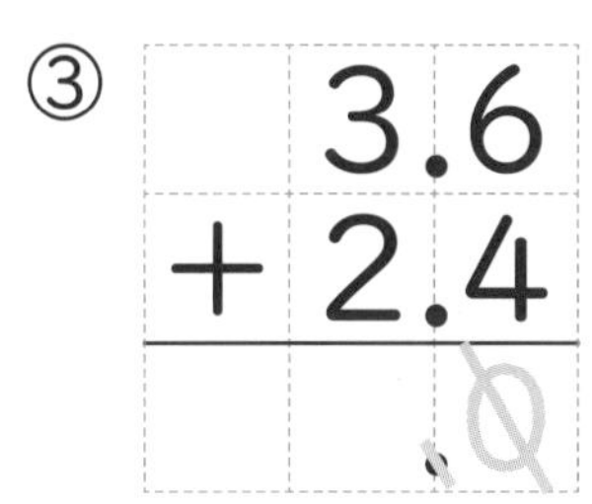

③ $\begin{array}{r} 3.6 \\ +\ 2.4 \\ \hline \end{array}$

小数点のあとが0のときは小数点と0は消そう！

④ $\begin{array}{r} 4.8 \\ +\ 3.2 \\ \hline \end{array}$

⑤ $\begin{array}{r} 4 \\ +\ 5.8 \\ \hline \end{array}$

⑥ $\begin{array}{r} 1.6 \\ -\ 0.7 \\ \hline \end{array}$

⑦ $\begin{array}{r} 3.5 \\ -\ 1.8 \\ \hline \end{array}$

⑧ $\begin{array}{r} 6.7 \\ -\ 3.7 \\ \hline \end{array}$

⑨ $\begin{array}{r} 3 \\ -\ 0.5 \\ \hline \end{array}$

⑩ $\begin{array}{r} 9.2 \\ -\ 4 \\ \hline \end{array}$

⑪ $\begin{array}{r} 5 \\ -\ 2.3 \\ \hline \end{array}$

ロボたまにおしえよう！

1は0.1を（　　　）こ集めた数だから、
0.1を23こ集めると（　　　）になるよ！

13 分数

月　　日　　名前

トライ 次(つぎ)のかさや長さにあたるところに色をぬりましょう。

① 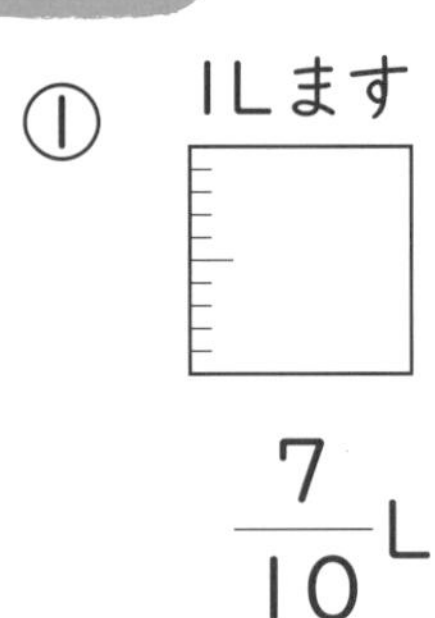
$\frac{7}{10}$L

② $\frac{3}{4}$m 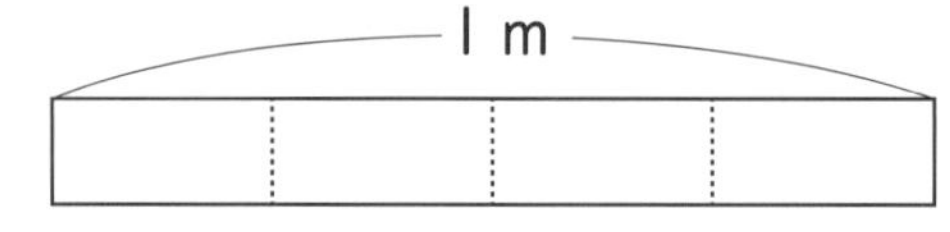

③ $\frac{2}{5}$m 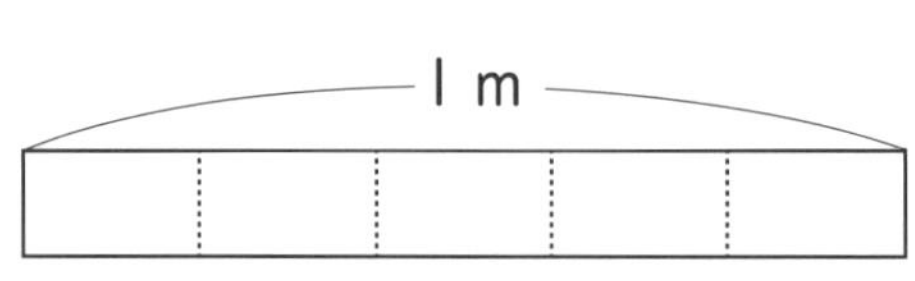

$\frac{7}{10}$や$\frac{3}{4}$、$\frac{2}{5}$のような数を分数といいます。

$\frac{2}{5}$ ←分子(ぶんし)　←分母(ぶんぼ)

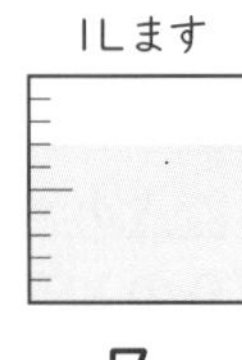

$\frac{7}{10}$L

（1Lを10こに分けた7つ分）

$\frac{3}{4}$m 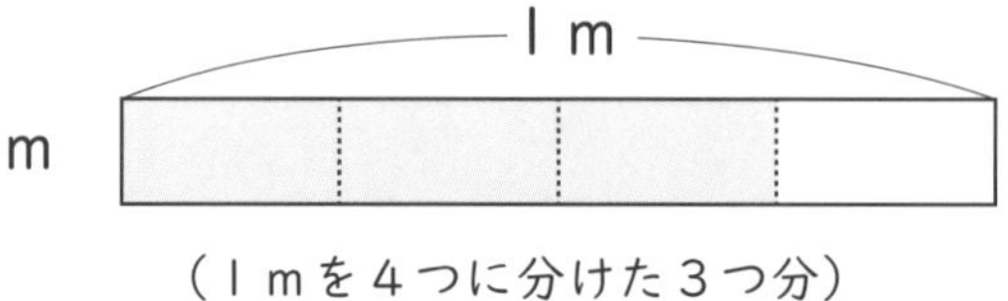

（1mを4つに分けた3つ分）

$\frac{2}{5}$m 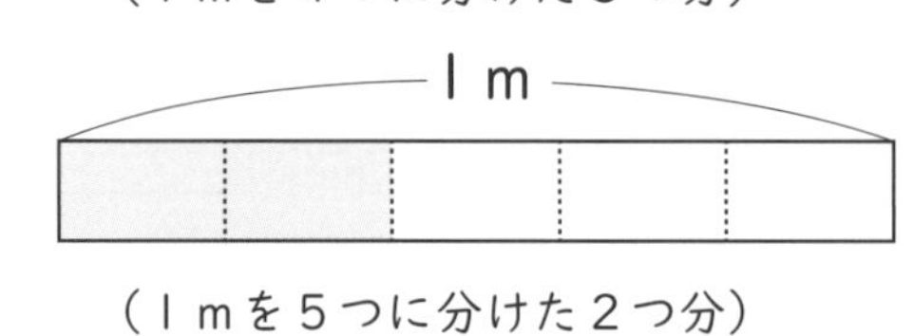

（1mを5つに分けた2つ分）

1 分母が10の分数を（　）にかき、□に小数をかきましょう。

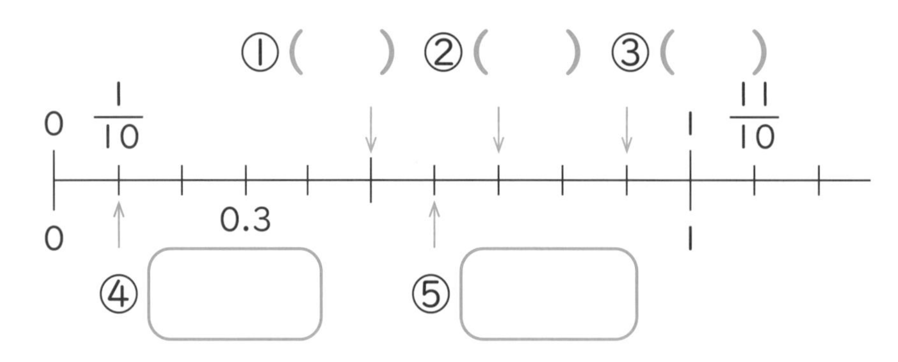

2 どちらの数が大きいですか。>、<を使(つか)って表しましょう。

① $\frac{5}{7}$ □ $\frac{6}{7}$　　② 1 □ $\frac{3}{5}$　　③ 0.3 □ $\frac{4}{10}$

3 次の計算をしましょう。

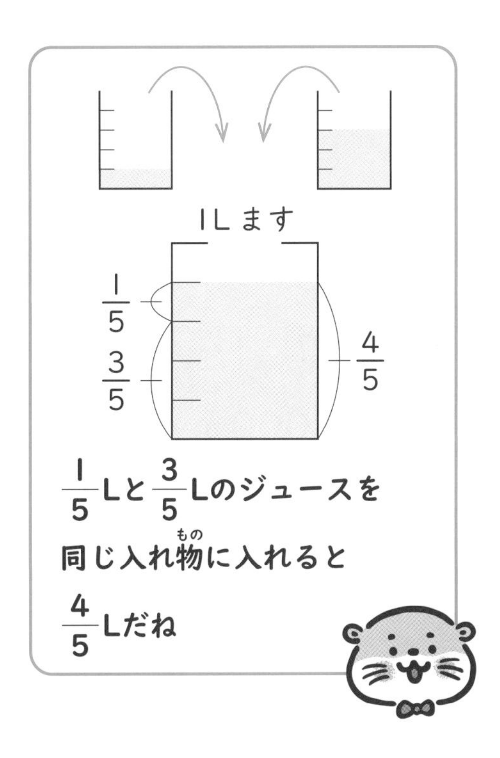

① $\frac{1}{3}+\frac{1}{3}=$

② $\frac{1}{7}+\frac{5}{7}=$

③ $\frac{5}{6}+\frac{1}{6}=\frac{6}{6}=$

④ $\frac{2}{9}+\frac{7}{9}=$

⑤ $\frac{5}{8}+\frac{2}{8}=$

4 次の計算をしましょう。

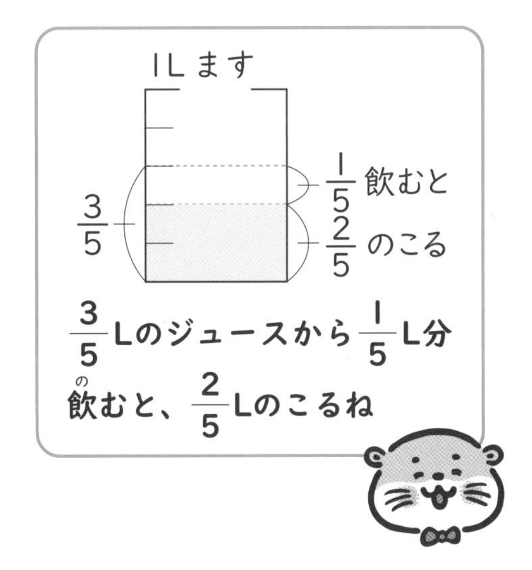

① $\frac{7}{9}-\frac{5}{9}=$

② $\frac{4}{7}-\frac{3}{7}=$

③ $1-\frac{1}{3}=\frac{3}{3}-\frac{1}{3}=$

④ $1-\frac{4}{5}=$

⑤ $1-\frac{5}{6}=$

ロボたまにおしえよう！

分母と分子が同じ数なら（　　）と等(ひと)しくなるから、

$1=\frac{(\quad)}{5}$、$1=\frac{(\quad)}{6}$ だよ！

14 長さ

月　　日　　名前

トライ　□にあてはまる数をかきましょう。

① 3000 m＝□km　　② 5 km＝□m

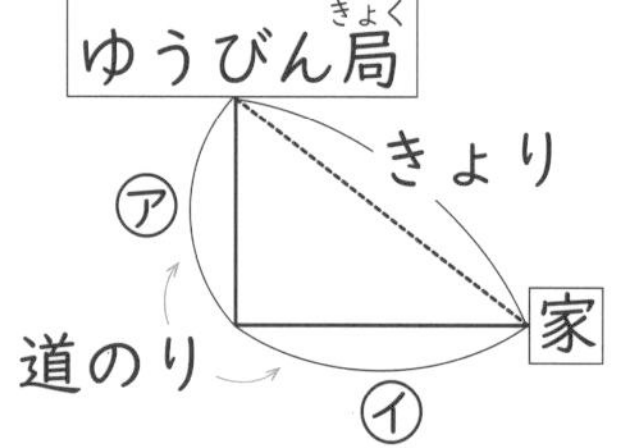

道のり…２つの地点を道にそってはかった長さ。
（アとイをたした長さ）

きょり…２つの地点をまっすぐにはかった長さ。

長さのたんいにキロメートルがあります。

1400mは、1 km400mともかけます。

トライの答え　①3　②5000

□にあてはまる数をかきましょう。

① 1 km＝□m

② 6000m＝□km

③ 2500m＝□km□m

④ 600m＋400m＝□m＝□km

⑤ 1 km－700m＝□m－700m＝□m

⑥ 2 km500m＋500m＝□km

ロボたまにおしえよう！

２つの地点を（　　　）にそってはかった長さは
（　　　　　）だよ。

15 重さ

月　　日　　名前

トライ （　）にあてはまる数をかきましょう。

① 5kg＝（　　　　）g　② 2000kg＝（　　　　）t

重さのたんいに、グラム（g）、キログラム（kg）、トン（t）があります。

1000 g ＝ 1 kg
1000 kg ＝ 1 t

体重はkgを使うね

船の重さなど、重いものはtで表されることもあるよ

k（キロ）は「1000」を表すよ。m（メートル）のときも出てきたね！

トライの答え　①5000　②2

1 □にあてはまる数をかきましょう。

①

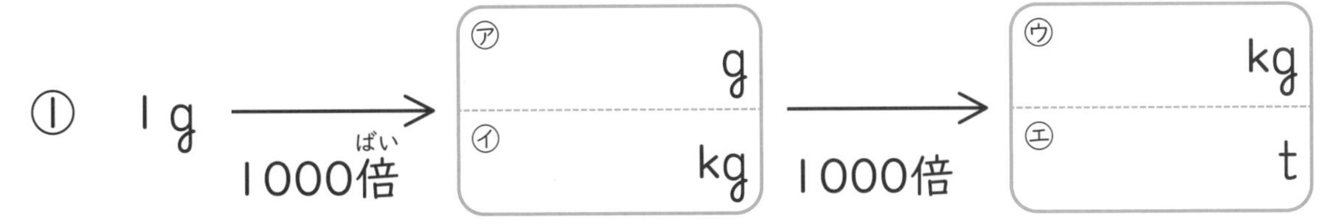

② 1kg 300g＝□g　③ 8600g＝□kg□g

2 □にあてはまる重さのたんいをかきましょう。

① 妹の体重　20□　② トラック1台の重さ　8□

③ りんご1この重さ 300□　④ ノート1さつの重さ 130□

ロボたまにおしえよう！

赤ちゃんの体重3000gをkgで表すと（　　）kgだよ。

16 円と球

月　日　名前

トライ （　）にあてはまる数やことばをかきましょう。

①

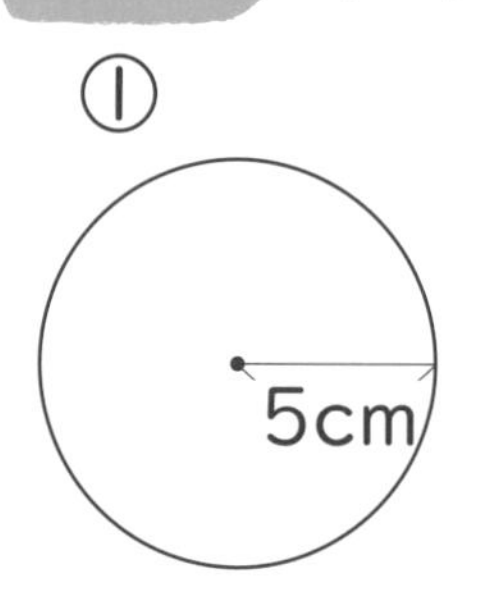

半径（はんけい）5cmの円の直径（ちょっけい）は（　　）cmです。

②

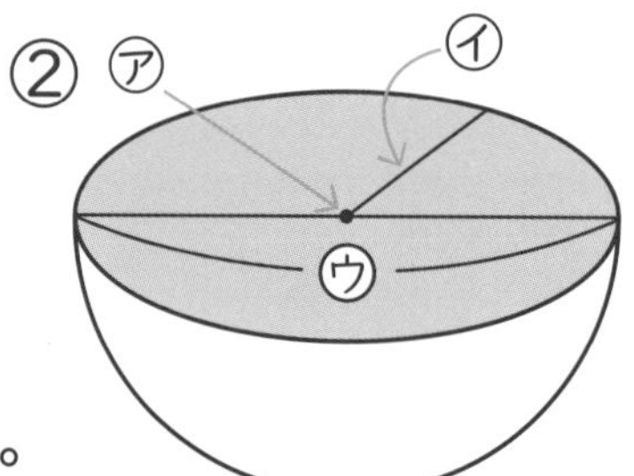

㋐ 球（きゅう）の（　　　）
㋑ 球の（　　　）
㋒ 球の（　　　）

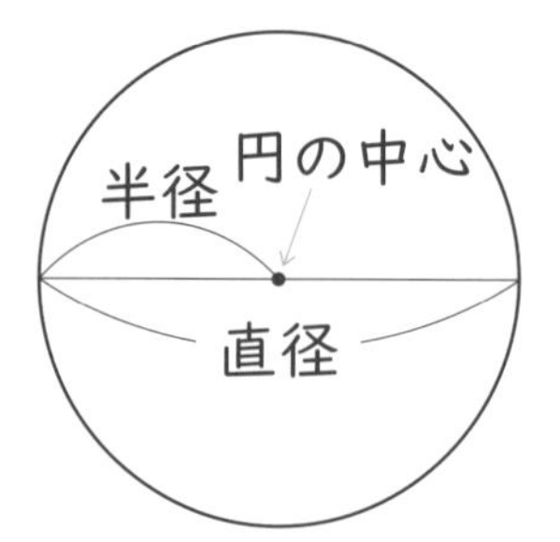

円のまん中の点を円の中心といいます。

半径…円の中心からまわりまで引いた直線。

直径…円の中心を通り、まわりからまわりまで引いた直線。

直径は半径の２倍の長さ

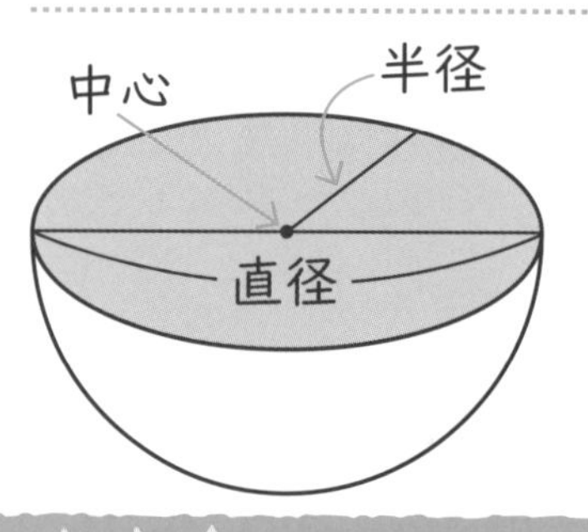

どの方向（ほうこう）から見ても円に見える形を球といいます。

球にも、中心、半径、直径があるんだね！

トライの答え　①10　②㋐中心　㋑半径　㋒直径

箱（はこ）の中にボールがぴったり入っています。箱の内がわの長さは短（みじか）い方が20cmです。ボールの半径は何cmですか。

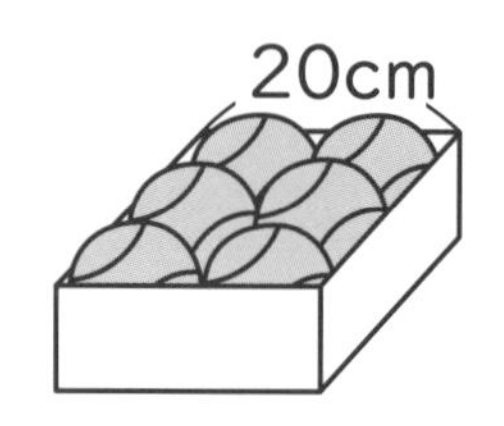

式

答え

ロボたまにおしえよう！

球を切った切り口は、いつも（　　　）の形になっているよ！

17 三角形と角

月　日　名前

トライ 次の図を見て、問いに答えましょう。

① あといで角の大きい方に○をつけましょう。

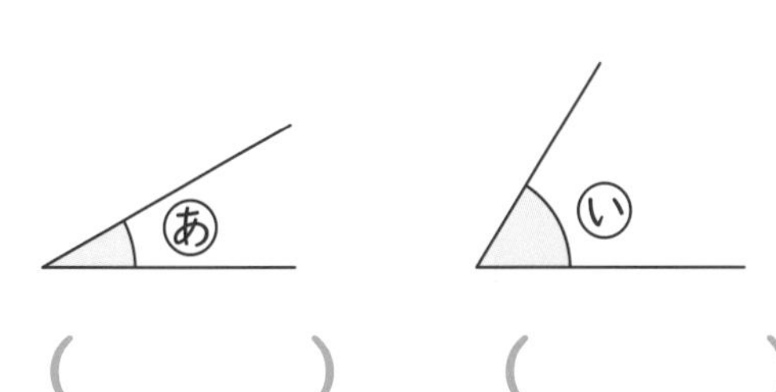

(　　　)　(　　　)

② 三角形の名前をかきましょう。

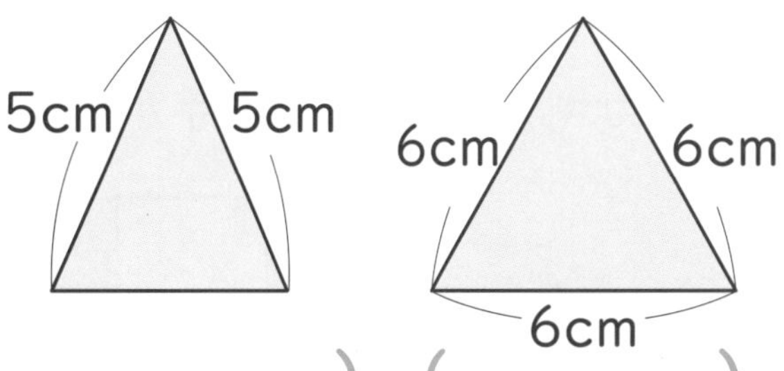

(　　　)　(　　　)

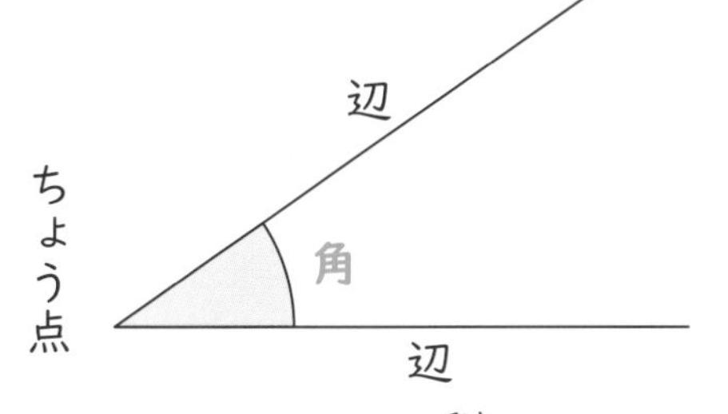

左の図のように、１つのちょう点から出ている２つの辺が作る形を角といいます。
角の大きさは、角を作る２つの辺の開きぐあいで決まります。

２つの辺の長さが等しい三角形を**二等辺三角形**といいます。

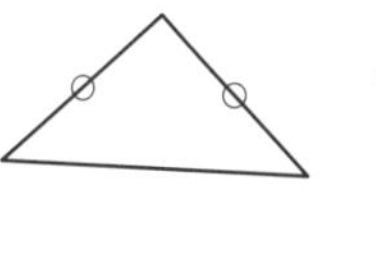

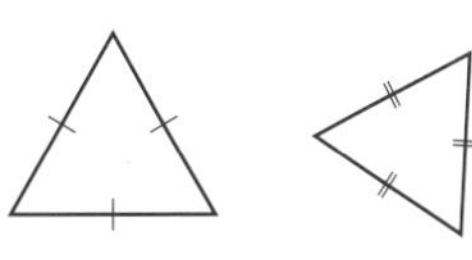

２つの角の大きさも等しいよ

３つの辺の長さが等しい三角形を**正三角形**といいます。

３つの角の大きさも等しいよ

トライの答え　①い　②二等辺三角形、正三角形

次の円を使って三角形を４つかきましょう。

① 二等辺三角形

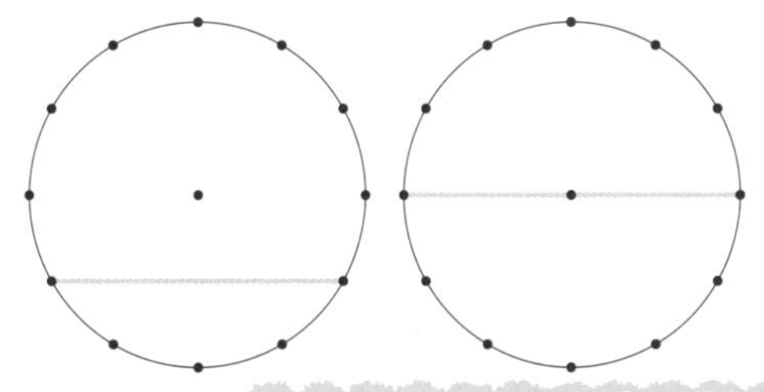

② 正三角形

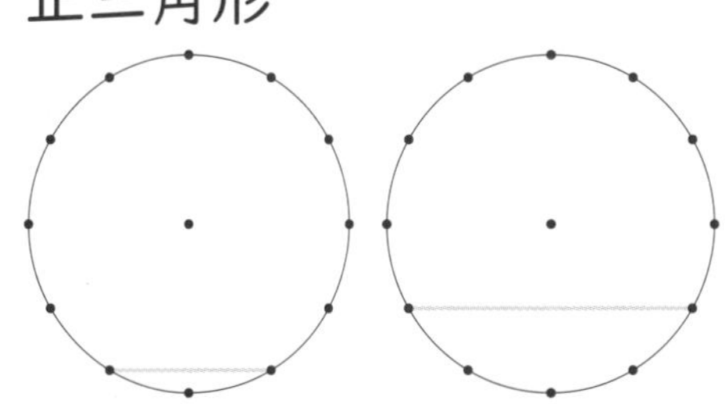

ロボたまにおしえよう！

２つの辺の長さが等しい三角形は（　　　　　）というよ。

さんすう

クロスワード

月　　日　　名前

次の「カギ」（ヒント）を手がかりに、クロスワードを完成させましょう。

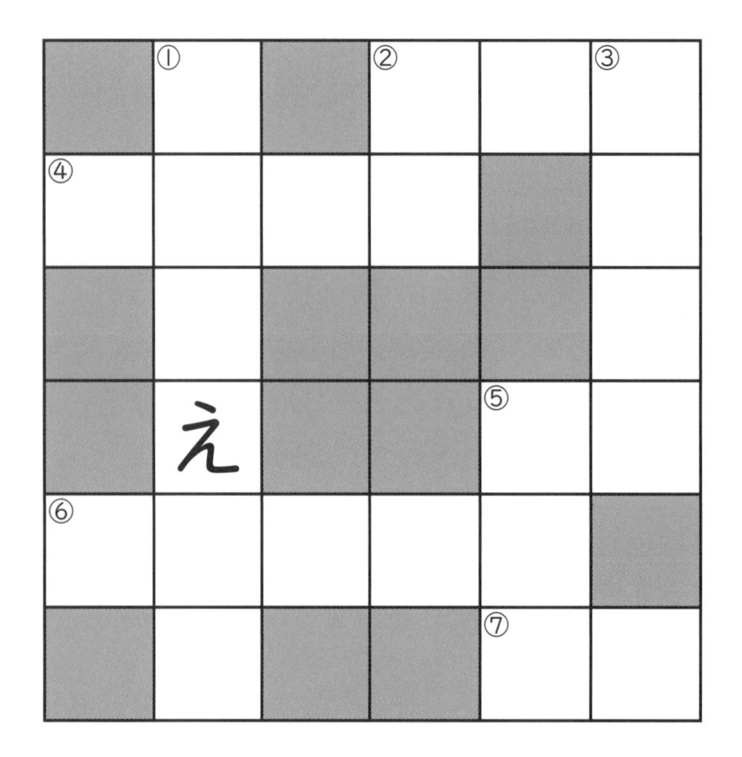

たてのカギ

① 長さの単位　1000 m＝1〇〇〇〇〇〇
② 重さの単位　1000 kg＝1〇〇
③ 100の100倍は？
⑤ 答えが15になるかけ算の九九は？　「さ〇〇」

ひらがなで
かくよ！

よこのカギ

② 時こくを知ったり時間を計ったりするもの
④ 細いぼうにさしたたまを動かして計算する道具
⑤ 24÷□＝8に入る数は？
⑥ ←は、〇〇〇〇〇三角形
⑦ 正午から夜の12時までのこと

4年生

一億をこえる数のしくみ

月　　日　　名前

トライ 日本の人口は、およそ125960000人です。(2020.7)
（　　）に読み方をかきましょう。

（ 一億二千　　　　　　　　　　人 ）

4けたごとに「∧」マークを入れて区切ってみましょう。

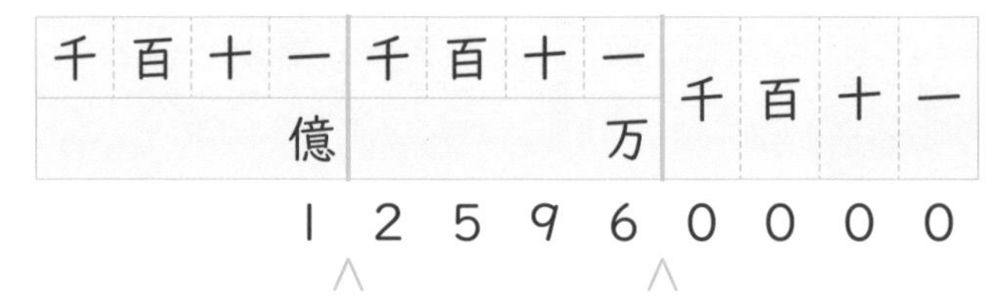

千	百	十	一	千	百	十	一	千	百	十	一
			億				万				
			1	2	5	9	6	0	0	0	0

1∧2596∧0000

読み方　一億(おく)二千五百九十六万

さらに大きな数も、4けたごとに「∧」で区切るとわかりやすくなります。

千	百	十	一	千	百	十	一	千	百	十	一	千	百	十	一
			兆				億				万				
	3	7	5	9	0	0	0	2	5	0	8	3	0	0	0

375∧9000∧2508∧3000

読み方　三百七十五兆(ちょう)九千億二千五百八万三千

千万を10こ集めた数は一億（1∧0000∧0000）です。

千億を10こ集めた数は一兆（1∧0000∧0000∧0000）です。

トライの答え　一億二千五百九十六万人

1 次の数の読み方を（　　）にかきましょう。

①

千	百	十	一	千	百	十	一	千	百	十	一
			億				万				
1	4	5	3	2	0	0	0	8	6	9	7

（ 千四百五十三億 ）

②

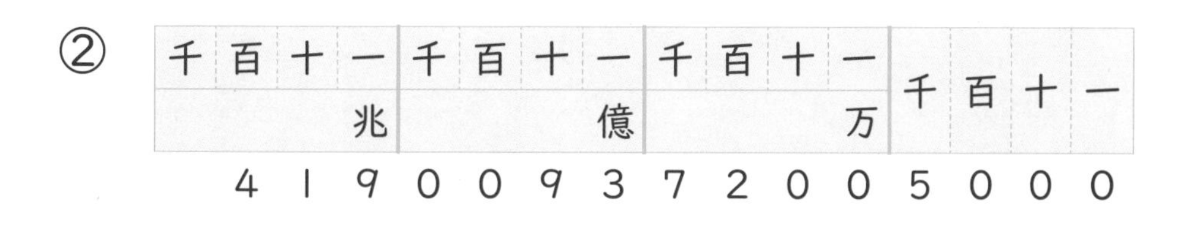

千	百	十	一	千	百	十	一	千	百	十	一	千	百	十	一
			兆				億				万				
	4	1	9	0	0	9	3	7	2	0	0	5	0	0	0

（　　　　　　　　　　　　　　　　　　）

2 □にあてはまる数をかきましょう。

① 1000万を10こ集めた数は □ です。

② 1億は、1万を □ こ集めた数です。

③ 1兆は、1億を □ こ集めた数です。

④ 1億を30こと、1万を2700こあわせた数は

□ です。

⑤ 10兆を7こと、1000億を2こと、100億を4こあわせた数は、

□ です。

ロボたまにおしえよう！

1000万を10こ集めた数は（　　　）で、
1000万を（　　　）倍した数だよ！

2 一億をこえる数のしくみと計算

月　　日　　名前

トライ 次の数を10倍した数、$\frac{1}{10}$にした数をかきましょう。

247億（おく）　①10倍（　　　　　　）　②$\frac{1}{10}$（　　　　　　）

位（くらい）はどのように変（か）わるのかな？

100倍				2	4	7	0	0	0	0	0	0	0	0	0	0
10倍					2	4	7	0	0	0	0	0	0	0	0	0
もとの数						**2**	**4**	**7**	**0**	**0**	**0**	**0**	**0**	**0**	**0**	**0**
	千	百	十	一	千	百	十	一	千	百	十	一	千	百	十	一
				兆（ちょう）				億				万				
$\frac{1}{10}$							2	4	7	0	0	0	0	0	0	0
$\frac{1}{100}$								2	4	7	0	0	0	0	0	0

整数を10倍すると位は1けた上がり、$\frac{1}{10}$にすると位は1けた下がります。

10倍は×10、$\frac{1}{10}$は÷10と同じだよ

トライの答え　①2470億　②24億7000万

（　）にあてはまる数をかきましょう。

① 4兆の10倍は（　　　　　　）、100倍は（　　　　　　）。

② 718億の100倍は（　　　　　　）。

③ 9億を$\frac{1}{10}$にすると（　　　　　　）。

④ 2400億を$\frac{1}{100}$にすると（　　　　　　）。

トライ 次の計算をしましょう。

①

		1	7	4
	×	5	3	1

②

			6	9	4
		×	2	0	5

大きな数だけど、今までどおり計算していいのかな？

数が大きくなっても、筆算のしかたは変わりません。

			6	9	4
		×	2	0	5
		3	4	7	0
		0	0	0	
1	3	8	8		
1	4	2	2	7	0

②のように、かける数に0があるときは、
0のときの計算はかかないよ。
その分、その次の位の積（せき）をかくときは、
けたをずらしてかこう！

トライの答え　①92394　②142270

次の計算をして、（　）に数をかきましょう。

①

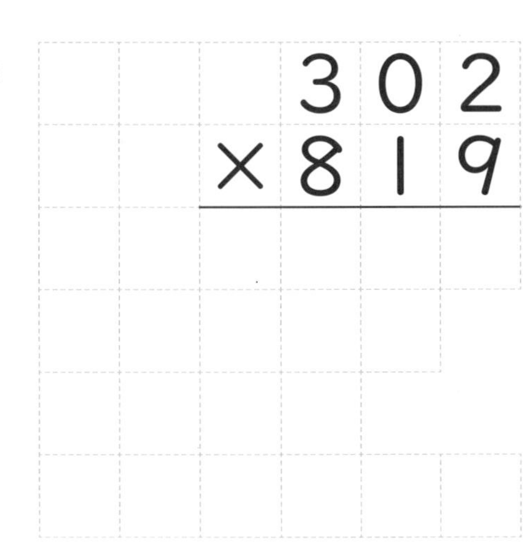

②

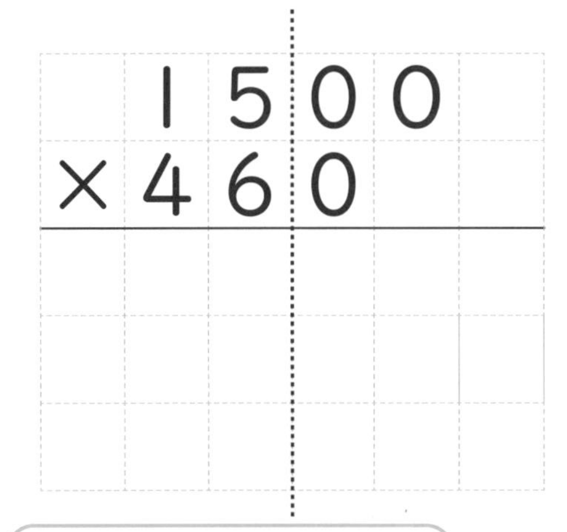

②は、15×46の積の
（　　　）倍だから、
上のように計算できるね

3 およその数の表し方とはんい

月　日　名前

トライ 次の数を【　】のやり方で四捨五入（ししゃごにゅう）し、（　）にかきましょう。

① 5427 【百の位（くらい）の数字を四捨五入してがい数にする】（　　　　）

② 376418 【一万の位までのがい数にする】（　　　　）

③ 7243500 【上から２けたのがい数にする】（　　　　）

四捨五入する位の数を□でかこむとわかりやすくなります。
かこんだ数が０～４なら切り捨（す）て、５～９なら切り上げです。

百の位を四捨五入	一万の位までのがい数	上から２けたのがい数
① 5 [4] 2 7	② 3 ~~7~~ [6] ~~4 1 8~~（7の上に○8）	③ 7 2 [4] ~~3 5 0 0~~（2の上に○）
5 0 0 0	3 8 0 0 0 0	7 2 0 0 0 0 0
どこを四捨五入すればよいか考えよう！	一万の位の上に、○をつけてみよう。その１つ下の千の位の数字を四捨五入するんだね！	上から３けためを四捨五入すると、上から２けたのがい数になるね

トライの答え　①5000　②380000　③7200000

次の数を【　】のやり方で四捨五入し、（　）にかきましょう。

① 73805 【百の位を四捨五入してがい数にする】（　　　　）

② 56791 【千の位までのがい数にする】（　　　　）

③ 41537809 【上から２けたのがい数にする】（　　　　）

トライ 0から10までの整数で、あてはまる数をすべてかきましょう。

① 9以上（いじょう）の数は（　　　　　　）です。
② 3未満（みまん）の数は（　　　　　　）です。

以上（いじょう）…ある数をふくんで、それより大きい数をさす。

以下（いか）…ある数をふくんで、それより小さい数をさす。

未満（みまん）…あるしめされた数に満（み）たない（ある数より小さい）数をさす。

ある数が「5」のとき　（ここでは、整数のみをしめします）

0　1　2　3　4　**5**　6　7　8　9　10　11

5未満
（5はふくまない）

5以下
（0、1、2、3、4、5）

5以上
（5、6、7、8、9、……）

0も整数　以上、以下は5をふくむ

トライの答え　①9、10　②0、1、2

0から13までの整数で、あてはまる数をすべてかきましょう。

① 8以上　（　　　　　　　　）
② 5未満　（　　　　　　　　）
③ 3以下　（　　　　　　　　）
④ 10以上　（　　　　　　　　）
⑤ 6未満　（　　　　　　　　）

ロボたまにおしえよう！

四捨五入は、（　　）以下の0、1、2、3、4は切り捨てて、
（　　）以上の5、6、7、8、9は切り上げるよ。

2けた÷１けたのわり算

月　日　名前

トライ　次の計算をしましょう。

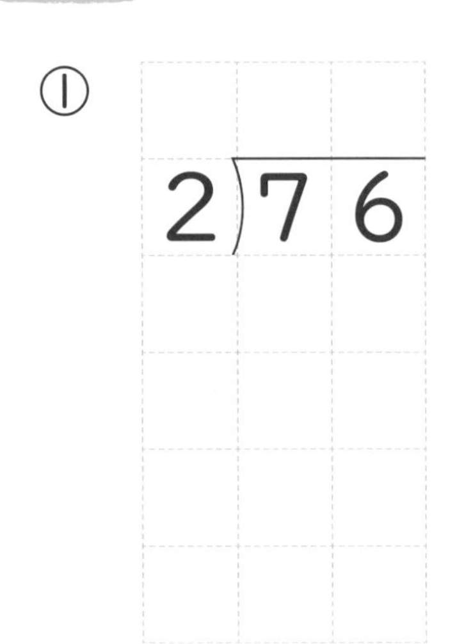

② $6\overline{)37}$

商はどこにたつのかな

まず、十の位（くらい）の上に商が立つかどうかをたしかめましょう。

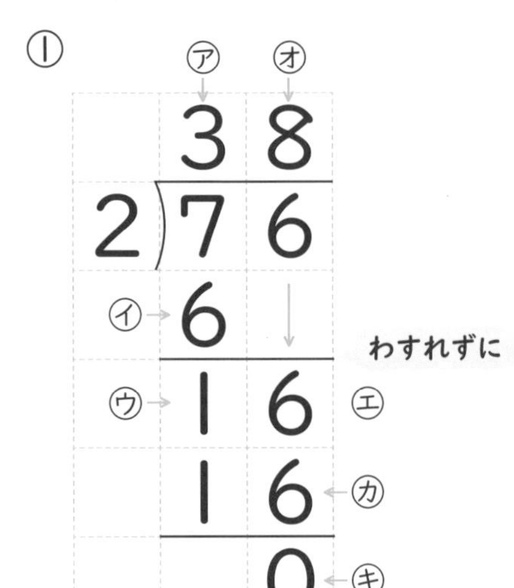

十の位	一の位
㋐ たてる 7÷2➡3がたつ。 ㋑ かける 3×2＝6 答えの6を、7の下にかく。 ㋒ ひく 7−6＝1	㋓ おろす 一の位の6を下にかく。 ㋔ たてる 16÷2＝8 8がたつ。 ㋕ かける 8×2＝16 ㋖ ひく 16−16＝0

①は、3÷6はできないから、商は一の位にたつね。
あまりにも注意！

トライの答え　①38　②6あまり1

次の計算をしましょう。

① 4)72（1、4、3）

② 6)78

③ 2)98

④ 7)83

⑤ 5)68

⑥ 4)99

⑦ 6)27（4、24）

⑧ 5)37

⑨ 8)32

ロボたまにおしえよう！

わり算の筆算は（たてる）→（　　　）→（　　　）
→（　　　）のくり返しでできるよ！

5 3けた÷1けたのわり算

月　日　名前

1 次の計算をしましょう。

2けた ÷ 1けたと同じようにやってみよう♪

① 2)915 （商 45；8、11、10）

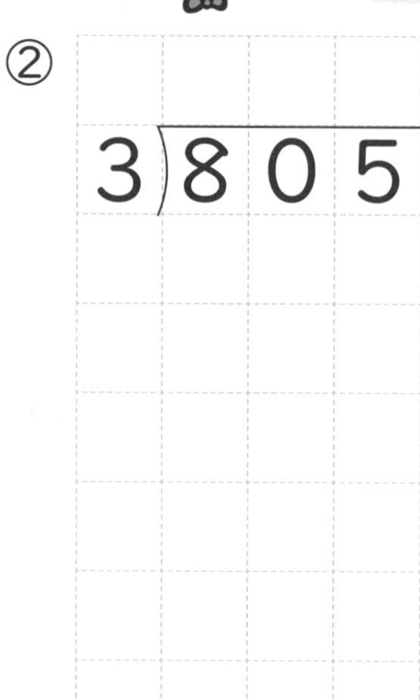

② 3)805

③ 4)874

④ 2)605 （商 30；6、0、0）

かくのを省(はぶ)いてもよい。

⑤ 6)845

⑥ 2)401

商に0がたつときは、とちゅうの計算を省いてもOKじゃが、
商の「0」をかきわすれないようにするのじゃよ！

2 次の計算をしましょう。

①
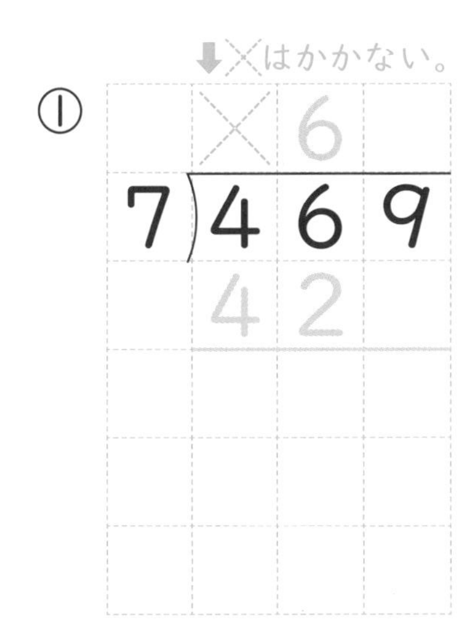

②
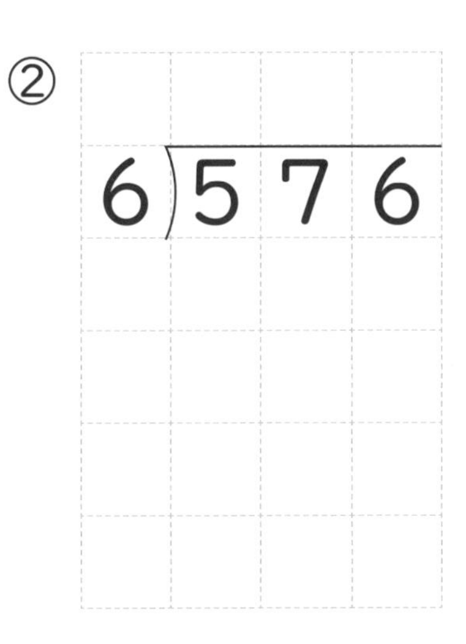

③
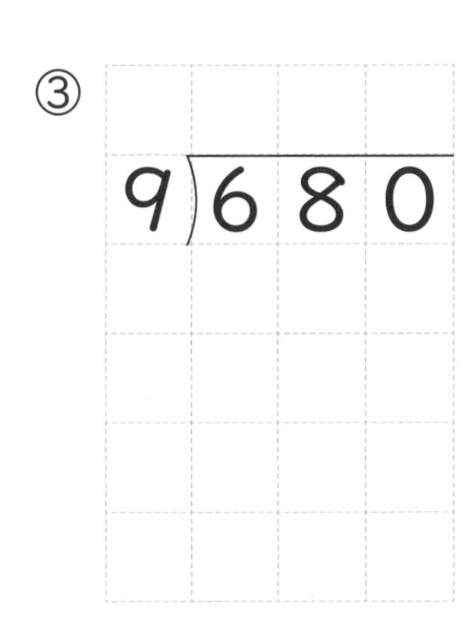

④
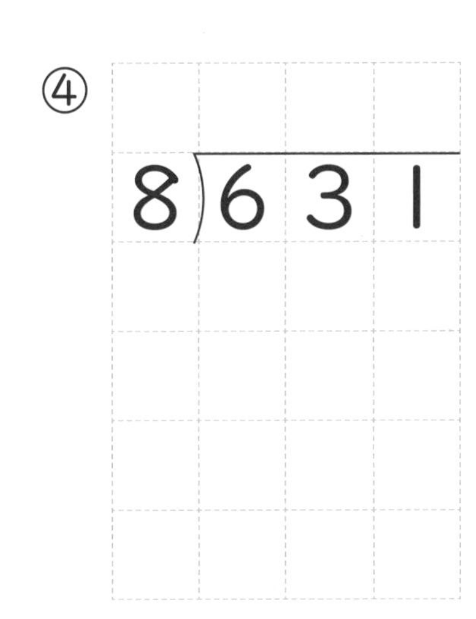

⑤
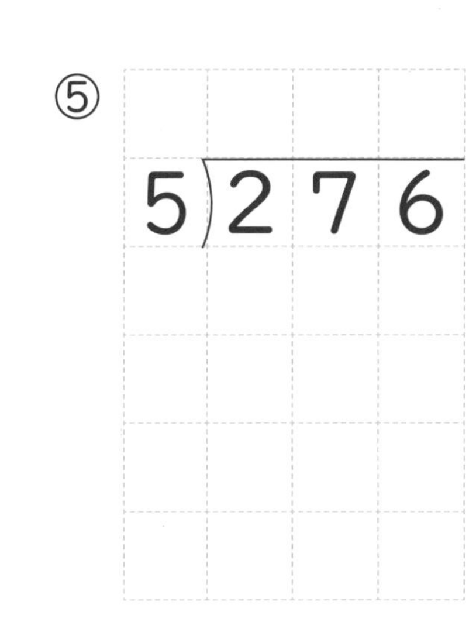

⑥
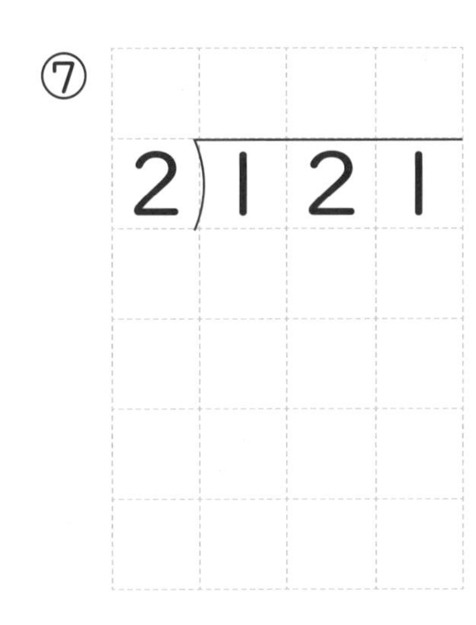

⑦
2)121

⑧
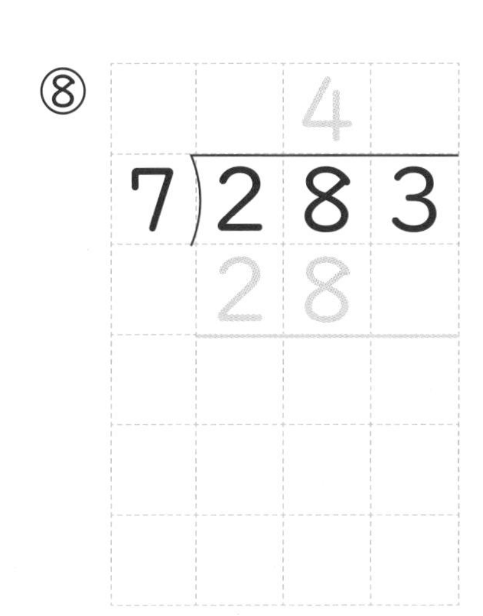

ロボたまにおしえよう！

3けた÷1けたも（　　　　）→（　　　　）→（　　　　）
→（　　　　）のくりかえしでできるよ！
「たてかけひくおさん」だね！

2けた÷2けたのわり算

月　日　名前

トライ　次の計算をしましょう。

① $11\overline{)44}$

② $23\overline{)69}$

どこに商をたてるのかな？

「かた手かくし」と「両手かくし」をやってみるのじゃ！

たてる

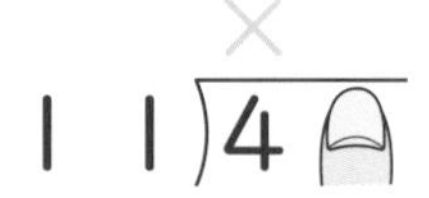

㋐「かた手かくし」で商のたつ位（くらい）を見つける。

4÷11はできないので×。（×はかかない）

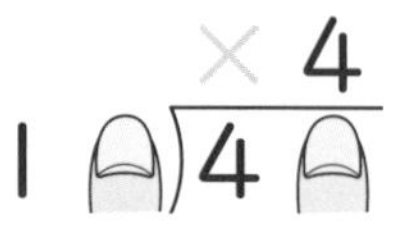

㋑かた手かくしをとると、44÷11。

44÷11はできるので○。（○はかかない）

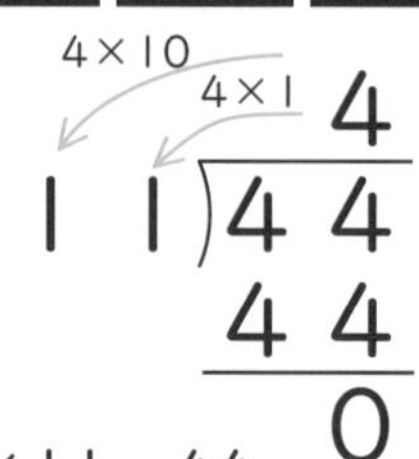

㋒「両手かくし」で商を見つける。

4÷1と考えると、4がたつ。

かける　ひく　おろす

4×10　4×1

$11\overline{)44}$ 商 4、44、0

㋓4×11＝44
44−44＝0

トライの答え　①4　②3

次の計算をしましょう。

① $20\overline{)50}$

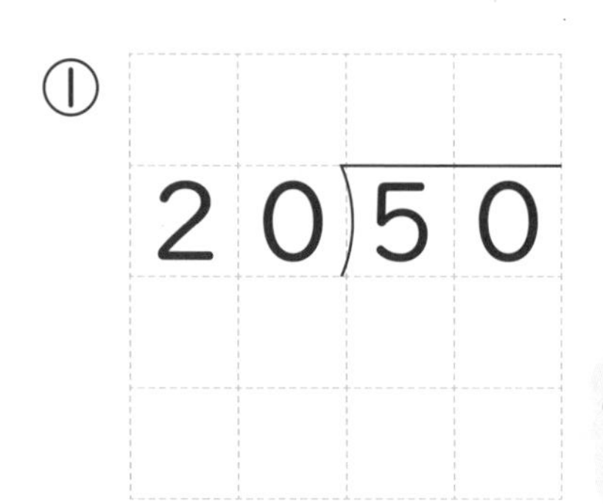

あまり

② $30\overline{)65}$

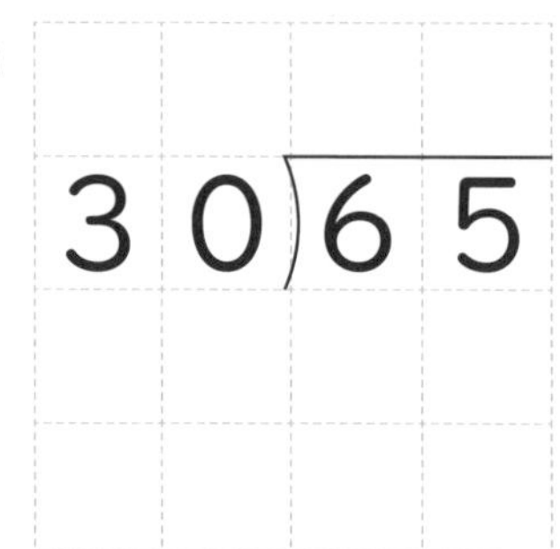

③ $40\overline{)92}$

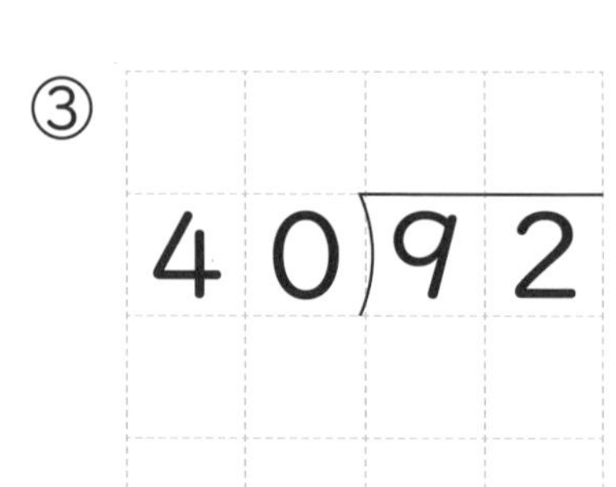

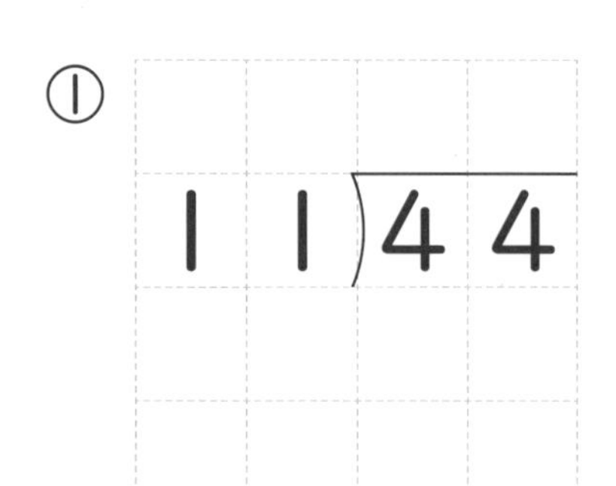

トライ 次の計算をしましょう。

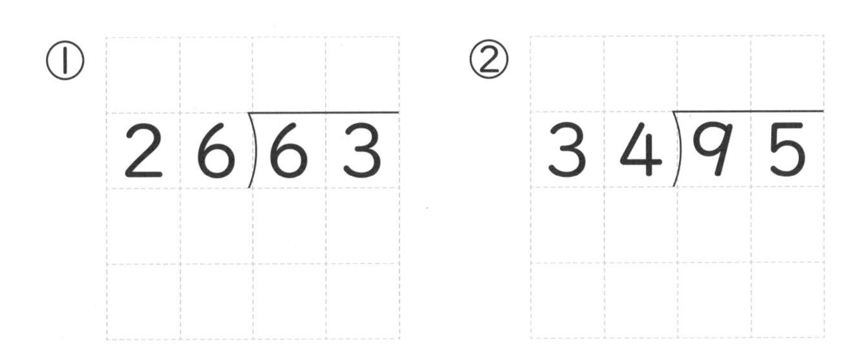

①は、両手かくしで6÷2と考えると、3だけど…

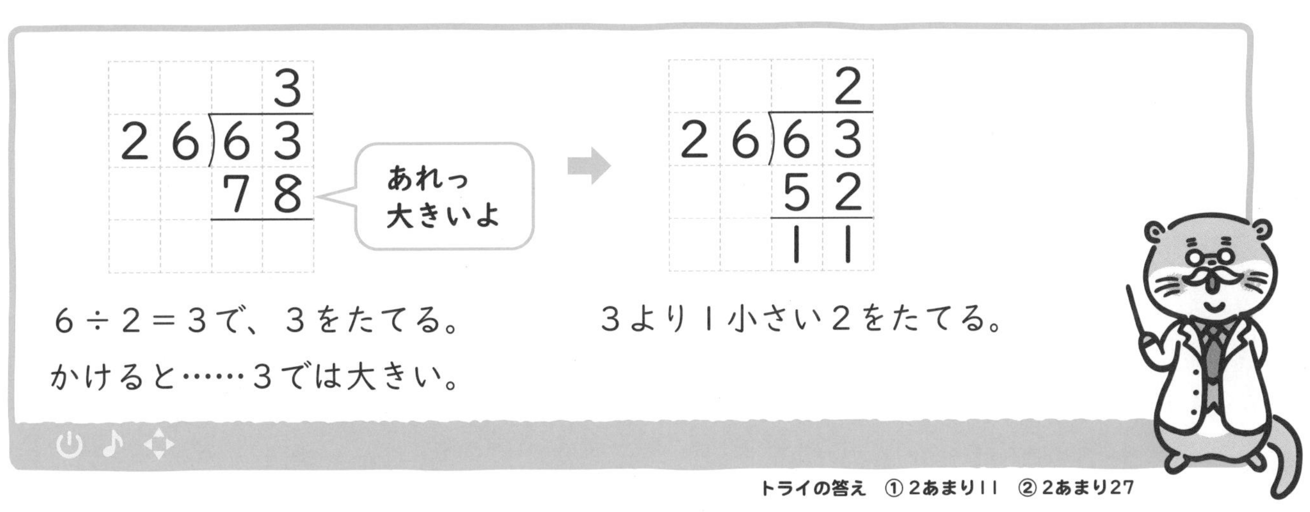

6÷2＝3で、3をたてる。
かけると……3では大きい。

3より1小さい2をたてる。

トライの答え　①2あまり11　②2あまり27

次の計算をしましょう。

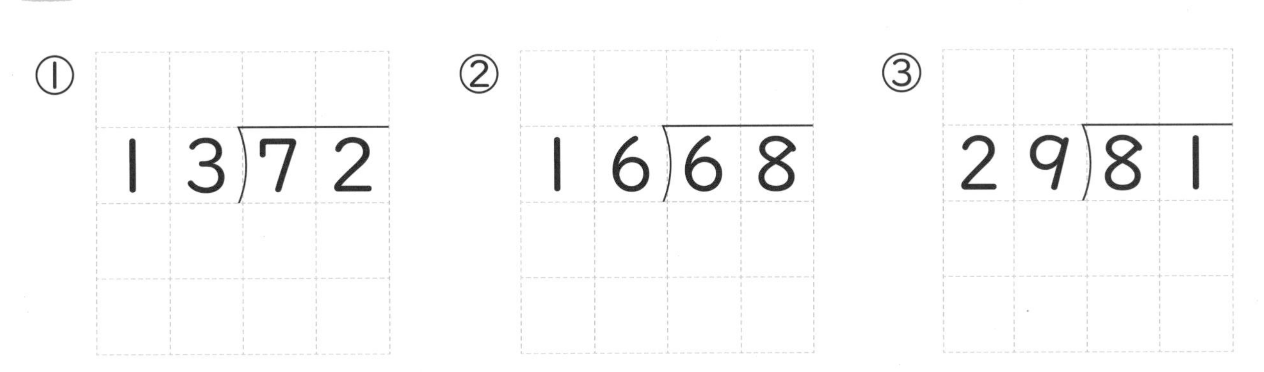

ロボたまにおしえよう！

見当をつけた商が大きすぎたら、（　　）ずつ小さくして
商を見つけるよ！

7 3けた÷2けたのわり算

月　日　名前

トライ　次の計算をしましょう。

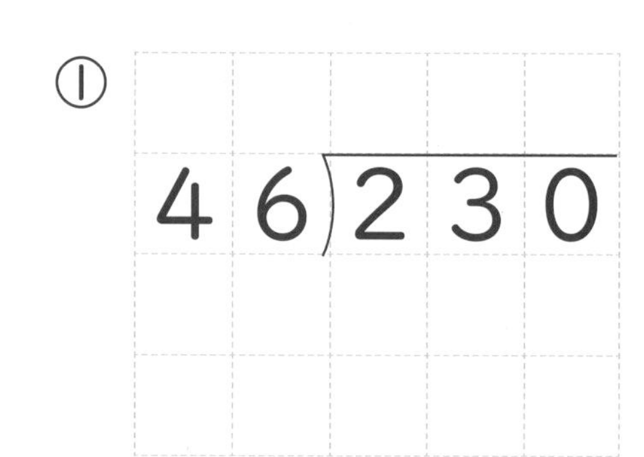

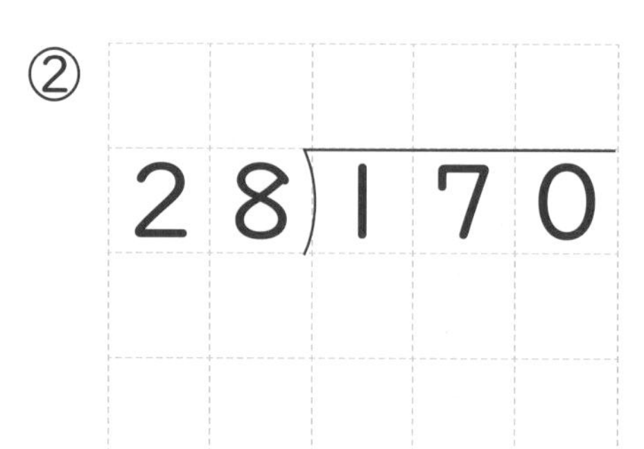

たてる

㋐かた手かくしで、商のたつ位(くらい)を見つける。
230÷46はできるので○。

㋑両手かくしで商を見つける。
23÷4と考え、5がたつ。

かける

46)230
230

㋒46×5をする。

ひく

46)230
230
0

㋓230－230＝0

あまりが出ることもあるよ

トライの答え　①5　②6あまり2

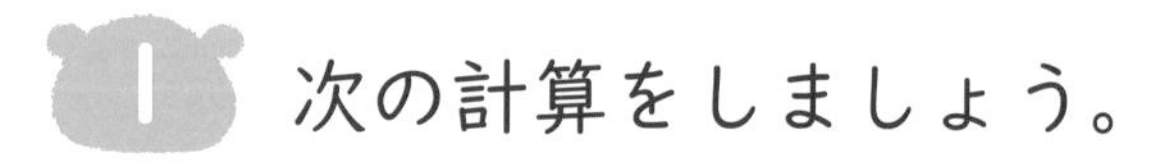

1　次の計算をしましょう。

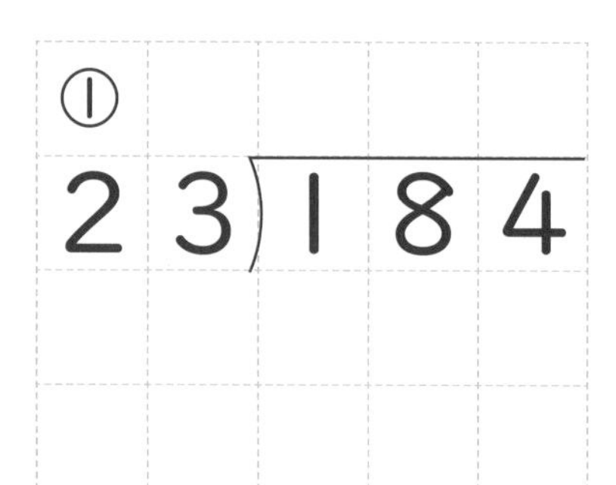

② 12)108

③ 68)345

2 次の計算をしましょう。

①
$$45\overline{)585}$$

②
$$12\overline{)398}$$

③
$$42\overline{)910}$$

④
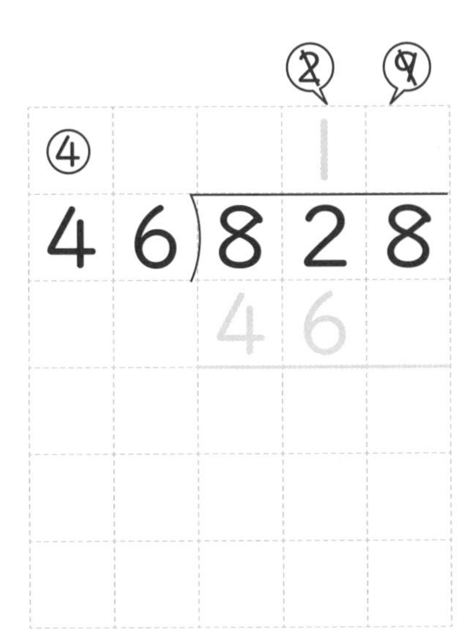

㋐ 828÷46→8÷4と考えると、2がたつ。
㋑ 大きすぎるので1にたてなおす。
㋒ かける→ひく→おろす
㋓ 368÷46→36÷4と考えると、9がたつ。
㋔ 大きすぎるので、8にたてなおす。

⑤
$$26\overline{)656}$$

⑥
$$12\overline{)710}$$

⑦
$$17\overline{)444}$$

ロボたまにおしえよう!

3けた÷2けたでも、たてた商が大きいときは（　　）ずつ小さくするよ。

8 2けたでわるわり算　まとめ

月　日　名前

1 次の計算をしましょう。

① 560÷70＝□　　② 430÷80＝□ あまり □

③ 22)68

④ 28)82

がんばるぞ！

⑤ 54)497

⑥ 37)249

⑦ 18)554

⑧ 28)932

⑨ 39)733

⑩ 31)775

「どこに商がたつか」に注意じゃよ！

2 次の筆算を計算して、けん算（たしかめ）もしましょう。

①

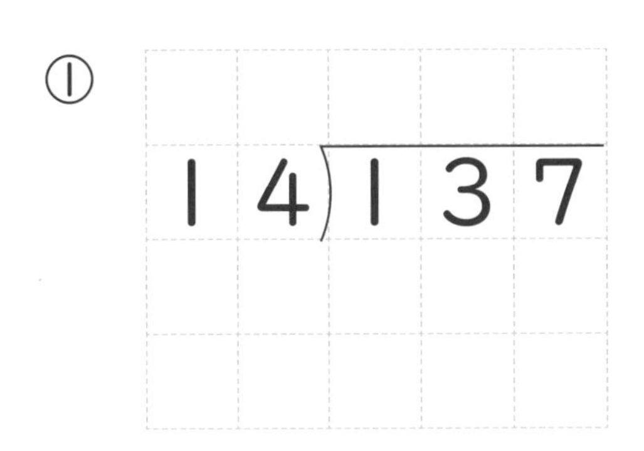

〈けん算〉

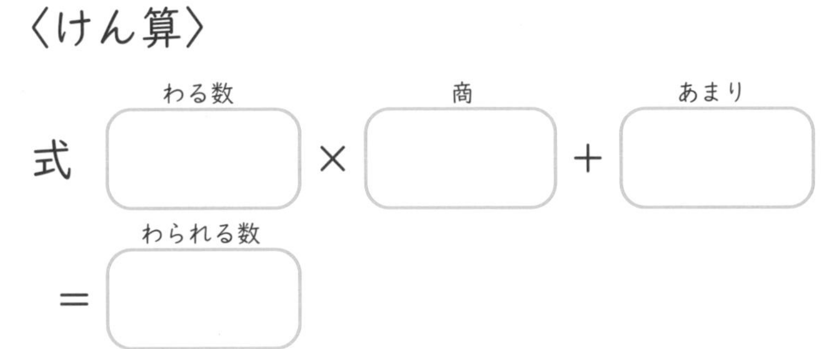

②

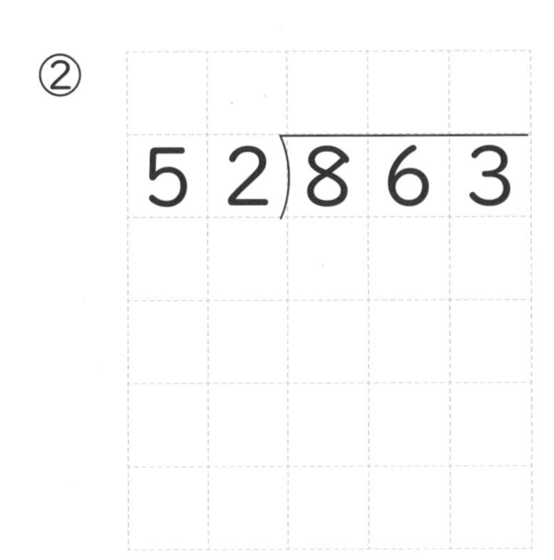

〈けん算〉

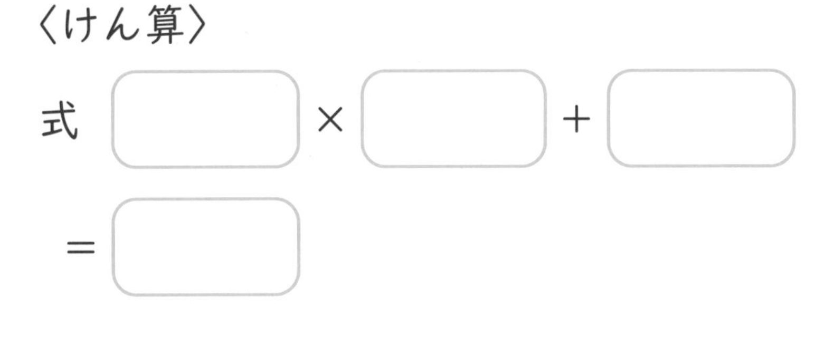

3 次の問いに答えましょう。

① ある数を43でわったら、商が15であまりは10になりました。ある数を求（もと）めましょう。

式 □ × □ ＋ □ ＝ □

② ①の数を53でわると、答えはどうなりますか。

式 □ ÷ □ ＝ □

ロボたまにおしえよう！

わり算の筆算は（た　　）→（か　　）→（ひ　　）→（お　　）をくり返し、たてた（　　）が大きすぎたらたてなおすよ。

9 小数の表し方

月　日　名前

トライ　□にあてはまる数をかきましょう。

42.195の「4」は10を□こ、「2」は1を□こ、

「1」は0.1を□こ、「9」は0.01を□こ、

「5」は0.001を□こ集めた数です。

はて？

4は十の位(くらい)で、2は一の位。ほかの数は何の位なのかな？

小数も、整数と同じように10倍、$\frac{1}{10}$ごとに位に名前があります。

4	2	.	1	9	5
十の位	一の位	小数点	$\frac{1}{10}$の位（小数第一位(しょうすうだいいちい)）	$\frac{1}{100}$の位（小数第二位）	$\frac{1}{1000}$の位（小数第三位）

$\frac{1}{100}$の位が9ってことは、42.195の「9」は0.01を9こ集めた数なんだね！

トライの答え　（前から順に）4、2、1、9、5

1　次の長さや重さを小数でかきましょう。

① 1m36cm　（　　m）

② 2508m　（　　km）

③ 47cm　（　　m）

④ 5kg372g　（　　kg）

⑤ 96g　（　　kg）

1000gが1kgだから、100g＝0.1kgだ！

2 次の数直線の↑がしめす数をかきましょう。

2.6　2.8　3　3.2

①（　　）　②（　　）　③（　　）

3 （　）にあてはまる数をかきましょう。

① 3.14は0.01を（　　）こ集めた数です。

② 3.14は1を（　　）こ、0.1を（　　）こ、0.01を（　　）こあわせた数です。

4 次の式にあうように、□に数をかきましょう。

① 3.14＝1×［3］＋0.1×□＋0.01×□

② 25.7＝10×□＋1×□＋0.1×□

③ 42.19＝10×□＋1×□＋0.1×□＋0.01×□

④ 50.97＝10×□＋1×□＋0.1×□＋0.01×□

⑤ 73.05＝10×□＋1×□＋0.1×□＋0.01×□

⑥ 80.02＝10×□＋0.01×□

10 小数のしくみ

月　　日　　名前

トライ 次の数をかきましょう。

① 0.34の10倍は（　　　　）。

② 0.34の100倍は（　　　　）。

③ 0.34の1000倍は（　　　　）。

位（くらい）が1つずつ上がっていくね！

小数も整数と同じように、10倍すると、位は1けたずつ上がります。

		0.	3	4	←もとの数
		3.	4		←10倍
	3	4			←100倍
3	4	0			←1000倍

0.34
10倍 10倍
となえながら小数点を
右に動かすといいね

トライの答え　① 3.4　② 34　③ 340

次の数をかきましょう。

① 1.56の10倍（ 15.6 ）

② 0.92の10倍（　　　　）

③ 3.14の100倍（　　　　）

④ 0.285の100倍（　　　　）

⑤ 0.318の1000倍（　　　　）

⑥ 8.56の1000倍（　　　　）

トライ 次の数をかきましょう。

① 0.34を$\frac{1}{10}$にした数は（　　　　　）。

② 0.34を$\frac{1}{100}$にした数は（　　　　　）。

10倍、100倍のときは位が1つずつ上がっていったから…

小数も整数と同じように、$\frac{1}{10}$にすると、位は1けたずつ下がります。

0.	3	4			←もとの数
0.	0	3	4		←$\frac{1}{10}$
0.	0	0	3	4	←$\frac{1}{100}$

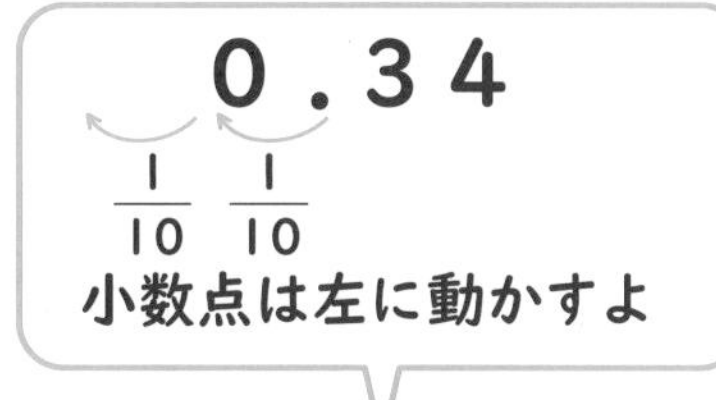

トライの答え　①0.034　②0.0034

次の数をかきましょう。

① 56の$\frac{1}{10}$　（　　　）

② 17.9の$\frac{1}{100}$　（　　　）

③ 78の$\frac{1}{100}$　（　　　）

④ 314を10でわった数　（　　　）

⑤ 6.2を100でわった数　（　　　）

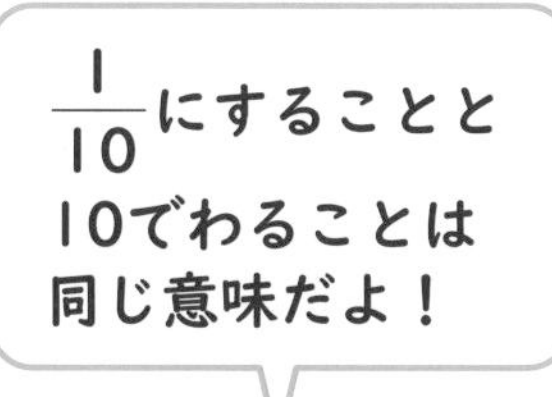

ロボたまにおしえよう！

小数も整数と同じように、10倍すると位は（　　　）けたずつ上がり、$\frac{1}{10}$にすると位は1けたずつ（　　　）がるよ！

11 小数のたし算とひき算

月　　日　　名前

次の計算を筆算でしましょう。

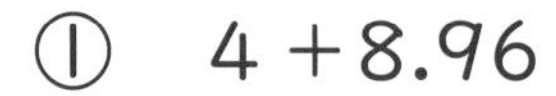
① 4＋8.96

② 0.26＋0.74

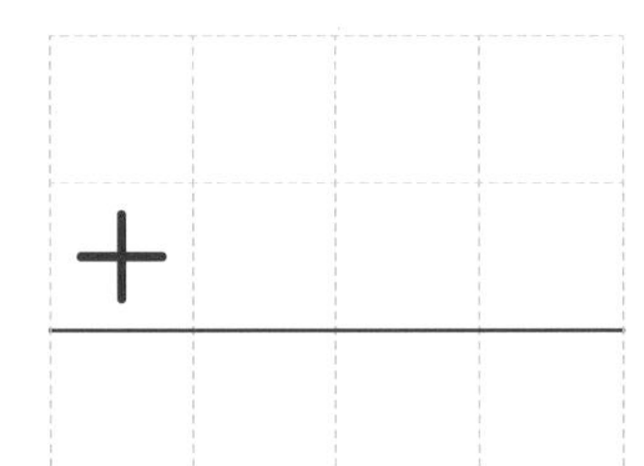

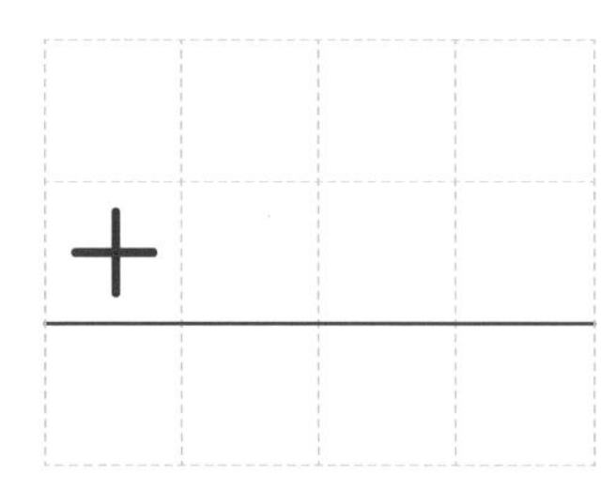

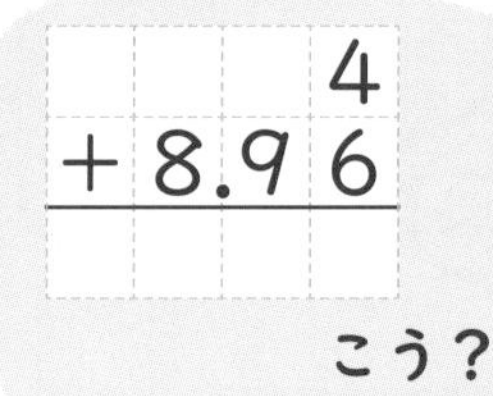

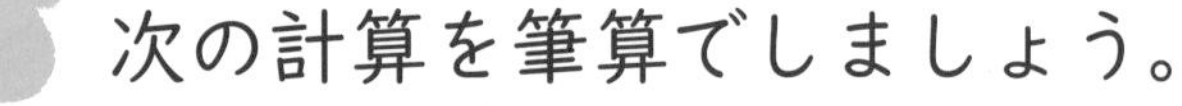

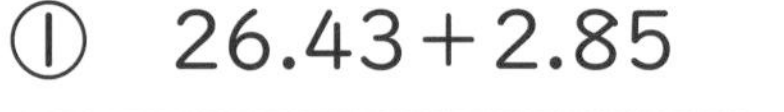

① 4.00 ＋ 8.96 ＝ 12.96

小数〜テントウ虫！

② 0.26 ＋ 0.74 ＝ 1.00

トライの答え　① 12.96　② 1

次の計算を筆算でしましょう。

① 26.43＋2.85　② 0.582＋7.463　③ 0.276＋1.524

④ 0.063＋0.597　⑤ 32.71＋5　⑥ 7.068＋3

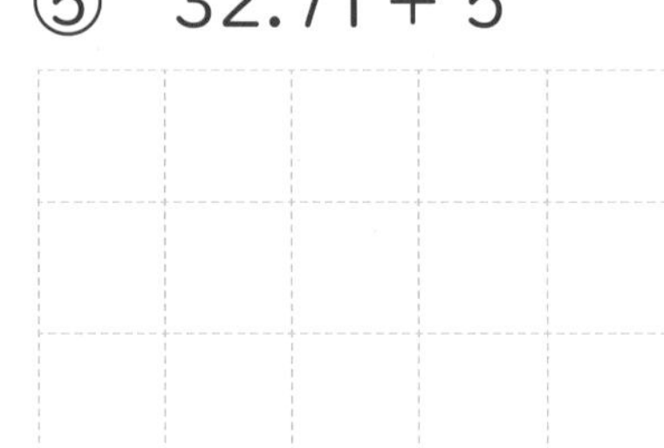

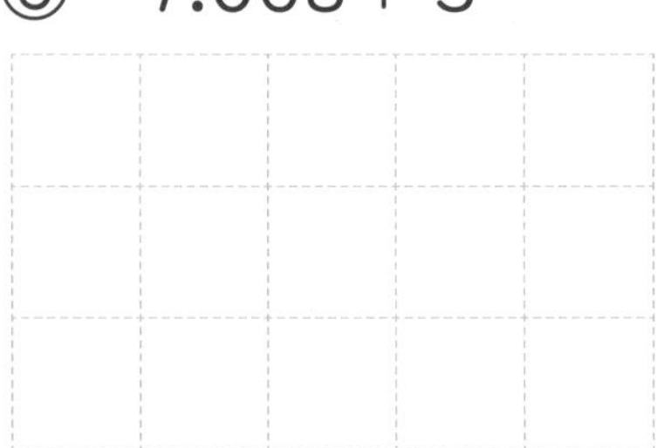

トライ 次の計算を筆算でしましょう。

62－0.71

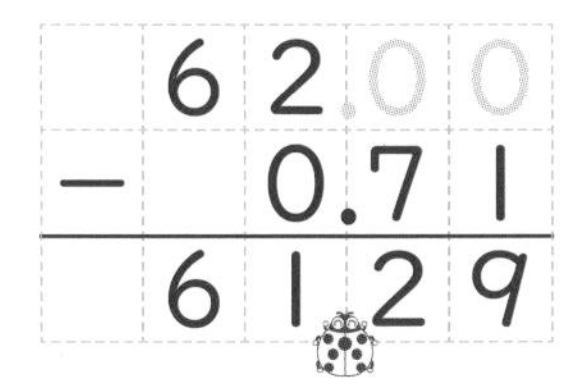

たし算と同じように、位をそろえてかきます。
小数点をわすれないようにしましょう。

トライの答え 61.29

次の計算を筆算でしましょう。

① 14.73－3.65　② 23.04－0.84　③ 6.35－3.8

④ 10.6－9.72　⑤ 17－2.43　⑥ 1－0.086

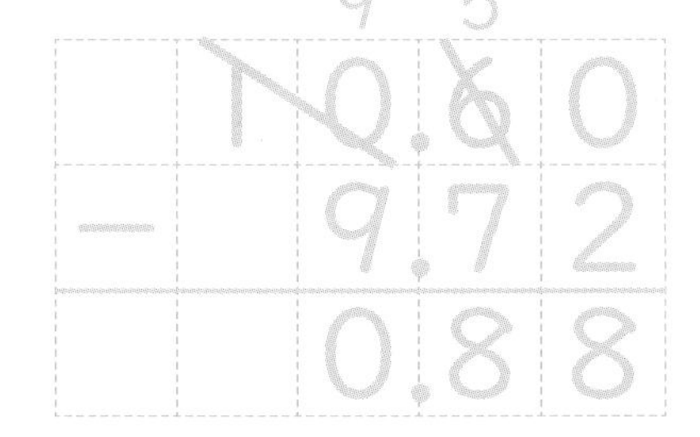

ロボたまにおしえよう！

小数のたし算、ひき算では、（　　）をそろえて計算するよ。
答えの（小　　　）をわすれずにね！

◀小数テントウ虫くん

12 小数×整数

月　　日　　名前

1.5×８を筆算で計算しましょう。

位（くらい）はそろえてかくのかな？

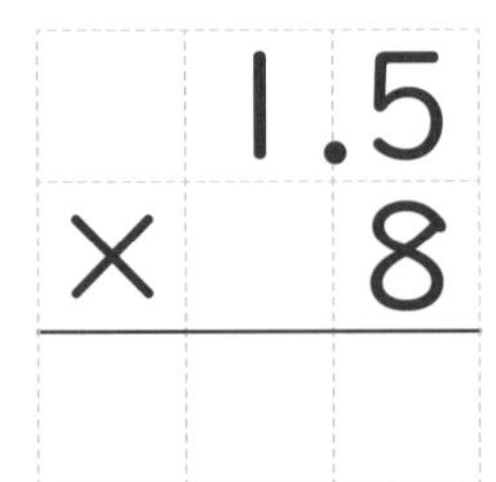

位を考えず、
右にそろえて
かく。

→

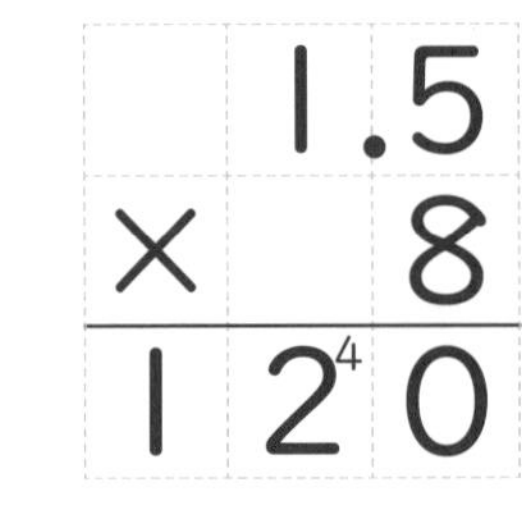

15×８をする。

→

	1	.5
×		8
1	2.	~~0~~

かけられる数にそろえて、
小数点をうつ。
小数点と０は消す。

トライの答え　12

1 次の計算をしましょう。

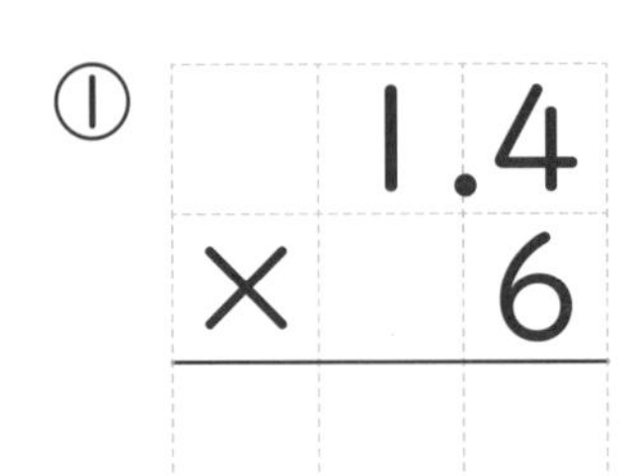

① 1.4 × 6

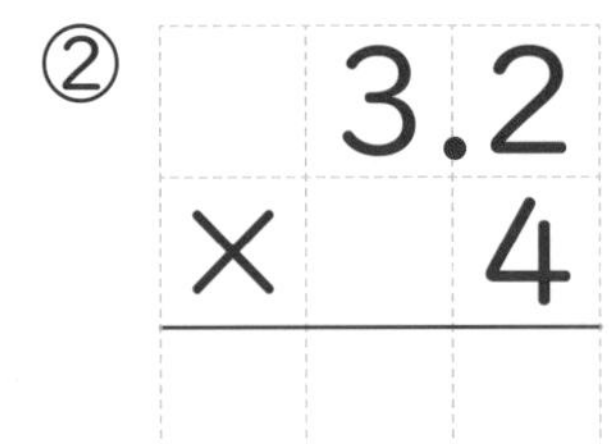

② 3.2 × 4

③ 0.5 × 6

④ 34.7 × 2

⑤ 0.96 × 7

⑥ 6.23 × 5

2 次の計算をしましょう。

①

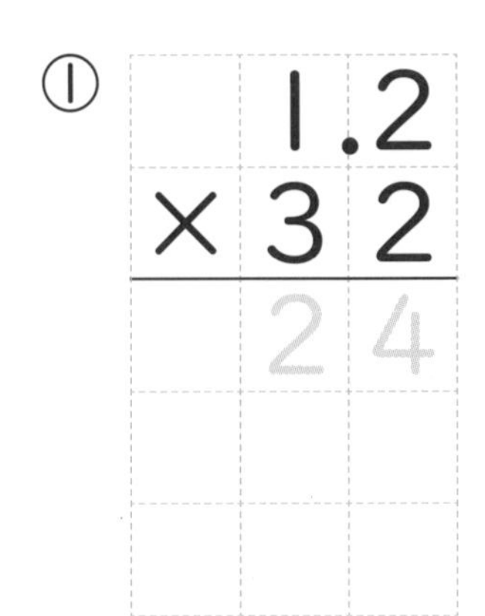

2けたの整数をかける計算も、ふつうに計算してさいごに小数点をうてばいいね！

②

③

④

⑤ 0.2×5

⑥ 0.25×72

⑦ 0.46×85

ロボたまにおしえよう！

小数×整数のかけ算は、数字を（右・左）にそろえてかくよ。（○をつけよう）
かけられる数にそろえて（　　　　）をうつのもわすれずにね！

13 小数÷整数（あまりなし）

月　日　名前

トライ　次の計算をしましょう。

①

②
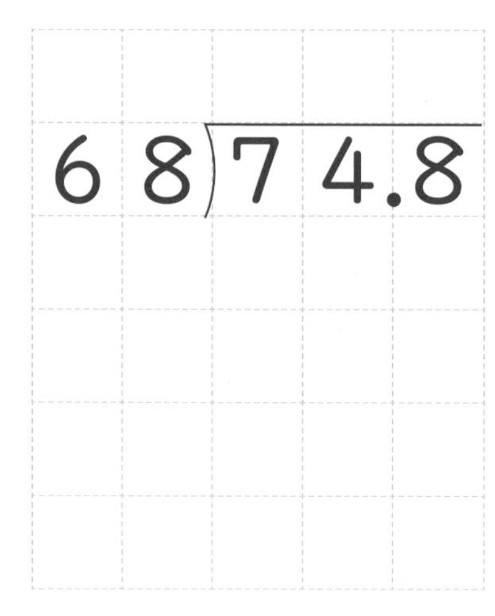

小数点がなければできそうだけど…

「かた手かくし」で商の位置(いち)をたしかめてから計算します。

$3\overline{)6}$ → 商 2

→ $3\overline{)6.9}$、6（2×3=6）

→ 商 2.（小数点をうつ）

→ 答え 2.3：$3\overline{)6.9}$、6、9、9、0

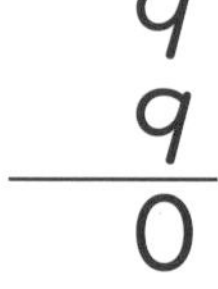

トライの答え　① 2.3　② 1.1

1　次の計算をしましょう。

① $7\overline{)9.8}$

② $6\overline{)43.2}$

③ $9\overline{)73.8}$

2 次の計算をしましょう。

①

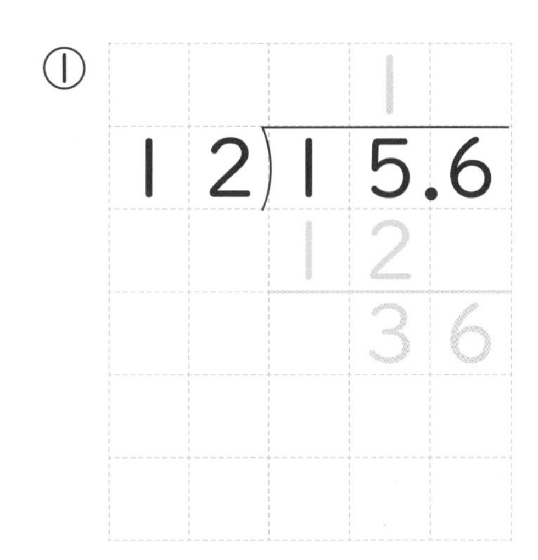

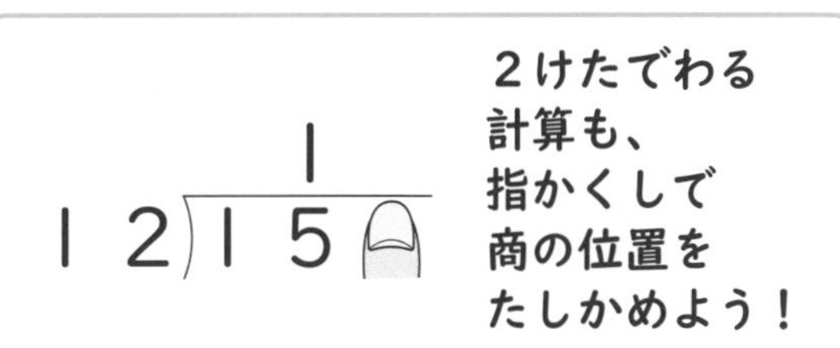

② 23)50.6

③ 15)37.5

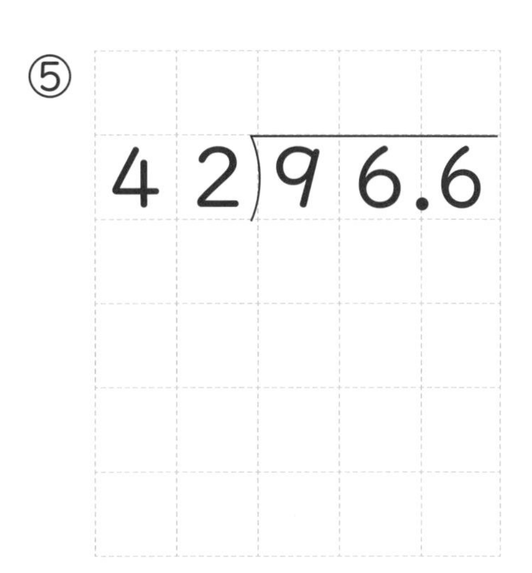

④ 17)47.6

⑤ 42)96.6

ロボたまにおしえよう！

小数÷整数の計算では、商に（　　　　）をうつのを
わすれないようにね！

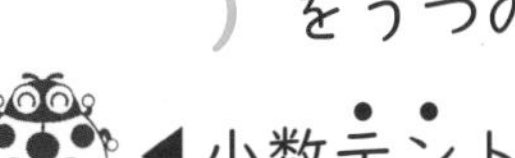

小数÷整数（0がたつ・あまりを求める）

月　日　名前

トライ　次の計算をしましょう。

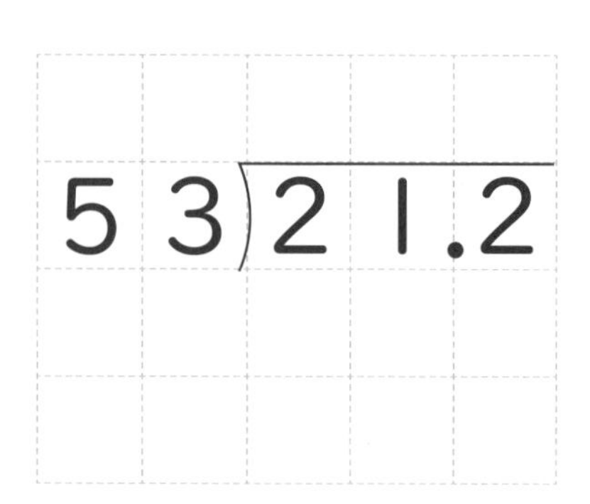

4
53)21.2
　212
　　0

何かちがうなぁ～？

0.
53)21□

→

0.4
5□)21□

→

0.4
53)21.2
　212
　　0

かた手かくしで商をたてる。21の中に53はないので、0がたつ。小数点をうつ。

両手かくしで商をたてる。

かけるとひくをする。

トライの答え　0.4

次の計算をしましょう。

① 6)4.2

②

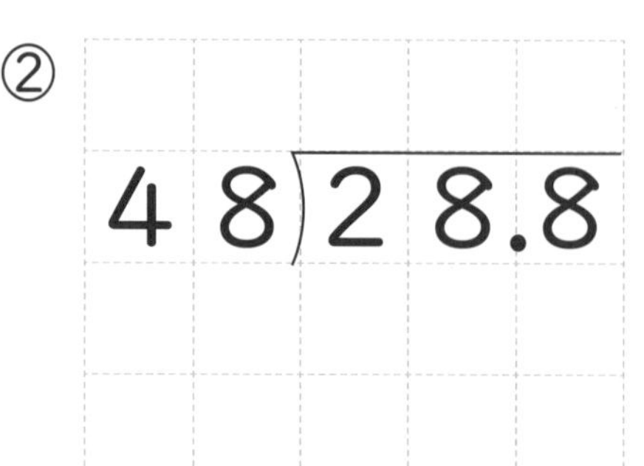

③ 12)0.72

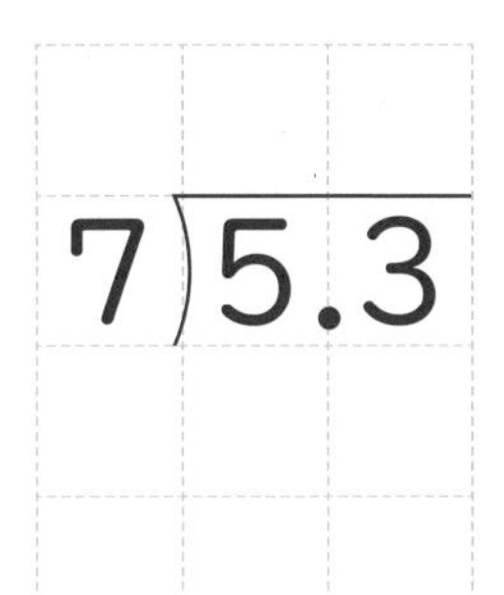

商は$\frac{1}{10}$の位まで計算し、あまりも求めましょう。

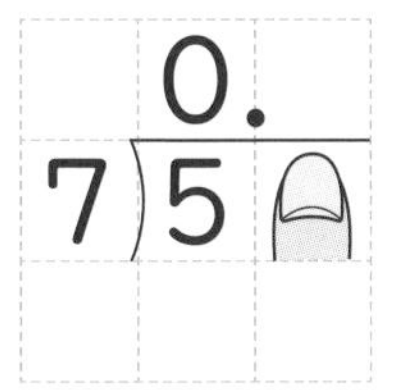

小数点の１つ右の位が$\frac{1}{10}$の位だね

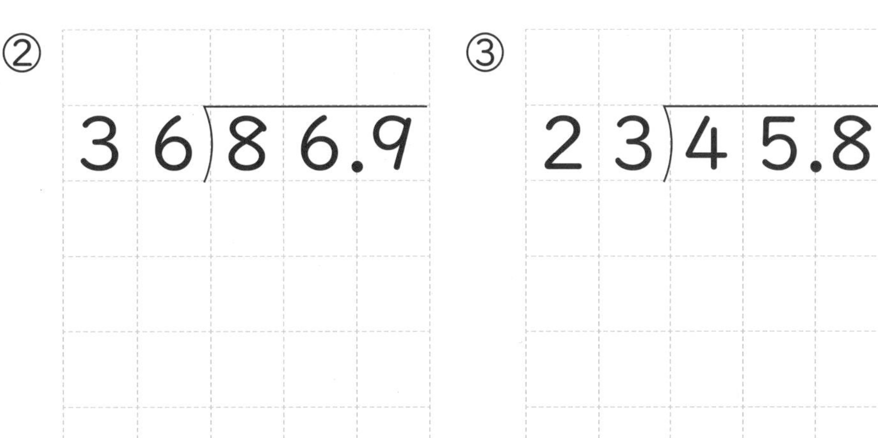

かた手かくしで商をたてる。0をかいて小数点をうつ。

かけるとひくをする。

もとの小数点をストーンとおろす。あまりは0.4。

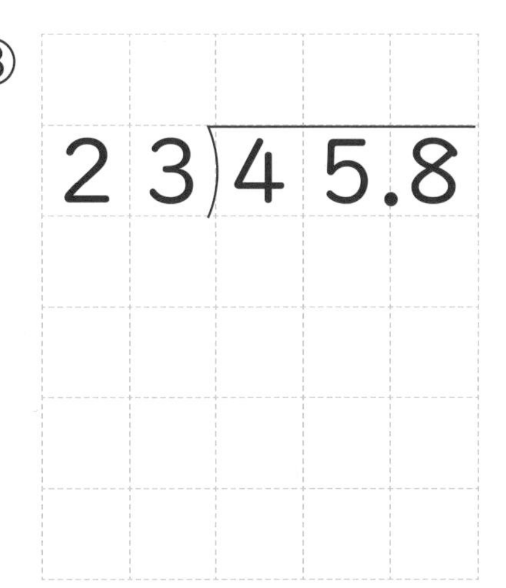

トライの答え　0.7あまり0.4

商は$\frac{1}{10}$の位まで計算し、あまりも求めましょう。

① 5)9.8

② 36)86.9

③ 23)45.8

ロボたまにおしえよう！

あまりの小数点は、わられる数の（　　　　）をストーンとおろすよ。

15 小数÷整数（わり進み・四捨五入）

月　日　名前

トライ わり切れるまで計算しましょう。

①

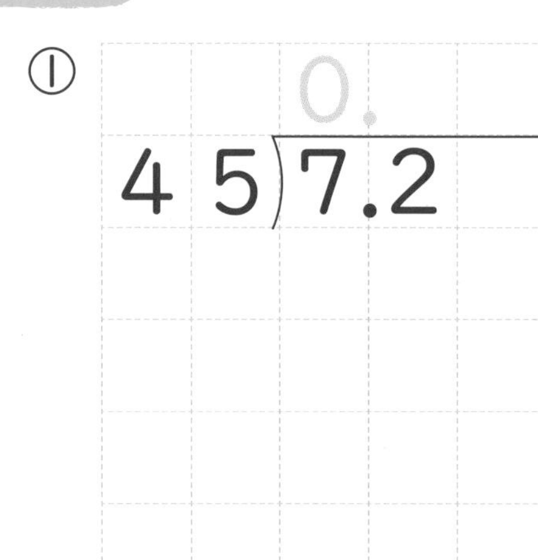

②

25)6

0.1
45)7.2
45
27

→

0.1
45)7.20
45
270

7.2を7.20
と考えよう！

0をかく →

0.16
45)7.20
45
270
270
0

トライの答え　①0.16　②0.24

わり切れるまで計算しましょう。

①

②

②は、
42.0、42.00と
いうようにわら
れる数に0をつ
けたしていけば
いいね

トライ 次の計算をしましょう。商は四捨五入して、$\frac{1}{10}$の位までのがい数にし、（　　）にかきましょう。

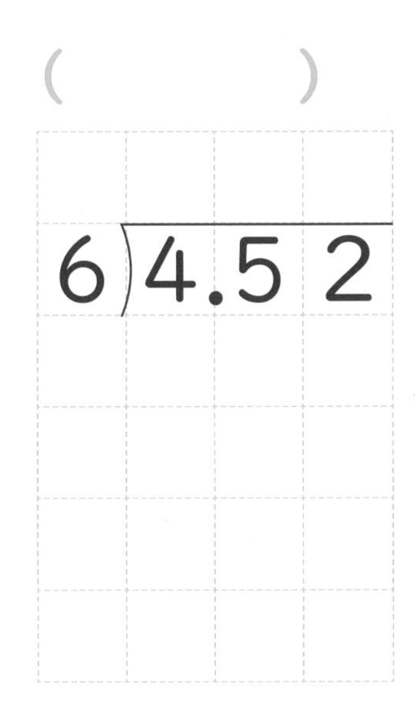

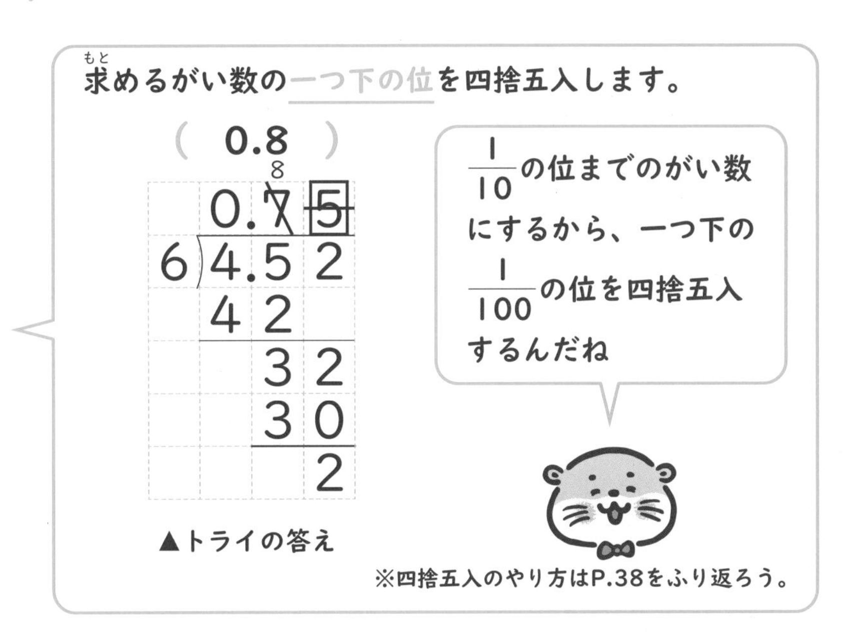

次の計算をしましょう。商は四捨五入して、【　】のがい数にして（　　）にかきましょう。

① 【$\frac{1}{10}$の位までのがい数】　② 【上から1けたのがい数】

（　　　　）　　（　　　　）

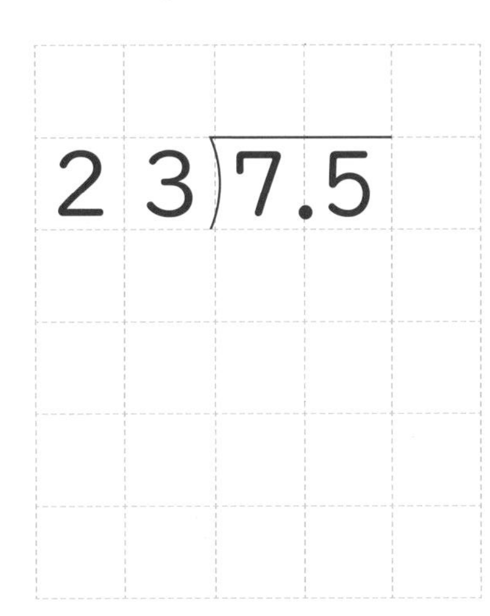

ロボたまにおしえよう！

商の四捨五入は、「$\frac{1}{10}$の位までのがい数にする」なら（　　　）の位、「上から1けたのがい数にする」なら上から（　　）けためを四捨五入するよ。

小数のかけ算・わり算　まとめ

月　　日　　名前

1 24×3=72です。次の積(せき)をかきましょう。

① 2.4×3＝　　　② 0.24×3＝

2 次の計算をしましょう。

① 27.3×6　　② 0.8×40　　③ 9.16×35

3 次の計算をしましょう。

① 35.6÷4

② 0.9÷6
（わり切れるまで計算しましょう。）

③ 49.7÷64
（商は$\frac{1}{10}$の位(くらい)まで計算し、あまりも求(もと)めましょう。）

4 13.45kgの米が18ふくろあります。
米は何kgありますか。

式

答え

5 15.6mのひもを6人で等分します。1人分は何mになりますか。

式

答え

6 青テープは2m、赤テープは3m、黄テープは7mです。
赤テープと黄テープの長さは、青テープの長さの何倍ですか。

（赤） 式

答え

（黄） 式

答え

仮分数と帯分数

月　日　名前

トライ 仮分数は帯分数に、帯分数は仮分数にしましょう。

① $\frac{7}{4}=\square\frac{\square}{4}$　　② $2\frac{2}{3}=\frac{\square}{3}$

仮分数を帯分数に

① $\frac{7}{4}=1\frac{3}{4}$

$7\div4=1$ あまり 3

帯分数を仮分数に

② $2\frac{2}{3}=\frac{8}{3}$

$3\times2+2=8$

$\frac{7}{4}$、$\frac{8}{3}$、$\frac{4}{4}$などは仮分数

$1\frac{3}{4}$、$2\frac{2}{3}$などは帯分数

トライの答え　① $1\frac{3}{4}$　② $\frac{8}{3}$

1 ㋐、㋑がさしている分数を、仮分数と帯分数でかきましょう。

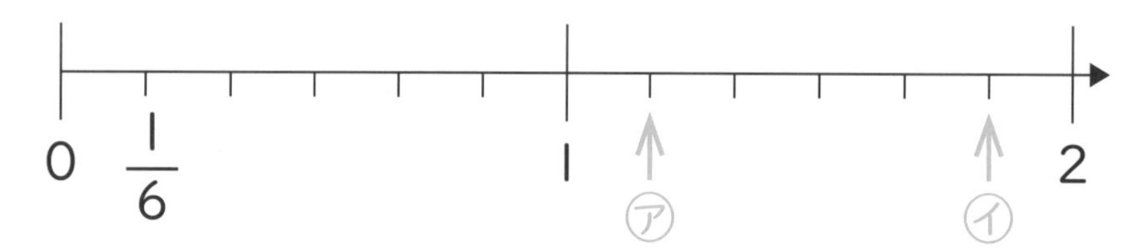

㋐ 仮分数（　　　　）　帯分数（　　　　）

㋑ 仮分数（　　　　）　帯分数（　　　　）

2 次の仮分数を帯分数か整数になおしましょう。

① $\frac{5}{3}=$　　② $\frac{11}{4}=$

③ $\frac{24}{8}=$　　④ $\frac{13}{5}=$

⑤ $\frac{16}{9}=$　　⑥ $\frac{12}{6}=$

3 次の帯分数を仮分数になおしましょう。

① $1\frac{2}{5}=$　　② $1\frac{5}{7}=$

③ $1\frac{1}{8}=$　　④ $1\frac{2}{3}=$

⑤ $2\frac{5}{8}=$　　⑥ $2\frac{5}{9}=$

⑦ $3\frac{1}{4}=$　　⑧ $3\frac{3}{5}=$

ロボたまにおしえよう!

帯分数を仮分数にするには、右まわりにかけて、たすとできるよ。

$2\frac{3}{5}=\frac{(\quad)}{5}$

18 分数のたし算・ひき算

月　　日　　名前

トライ 次の計算をして、答えは帯分数(たいぶんすう)か整数にしましょう。

① $\frac{4}{5}+\frac{3}{5}=$　　　② $1\frac{2}{7}+2\frac{3}{7}=$

仮分数(かぶんすう)を帯分数にするやり方は、P.66 でもやったね！

分母が同じ分数のたし算は、分母はそのままにして、分子どうしをたします。
帯分数のときは、整数部分と分数部分を分けて計算しましょう。

$$1\frac{2}{7}+2\frac{3}{7}=3\frac{5}{7}$$

トライの答え ① $1\frac{2}{5}$ ② $3\frac{5}{7}$

次の計算をして、答えは帯分数か整数にしましょう。

① $\frac{7}{8}+\frac{6}{8}=$　　　② $\frac{10}{9}+\frac{8}{9}=$

③ $2\frac{1}{5}+1\frac{2}{5}=$　　　④ $3\frac{4}{7}+\frac{2}{7}=$

⑤ $2\frac{4}{9}+3\frac{7}{9}=5\frac{11}{9}$
$=$　　　⑥ $\frac{3}{8}+4\frac{5}{8}=$
$=$

トライ　次の計算をしましょう。

① $\frac{7}{5}-\frac{4}{5}=$

② $3\frac{3}{7}-2\frac{5}{7}=$

$=$

②は、$\frac{3}{7}$ から $\frac{5}{7}$ はひけないよ!!

帯分数のひき算は、整数の部分と分数の部分を分けて計算します。
②のようにひけないときは、整数部分から１くり下げて計算します。

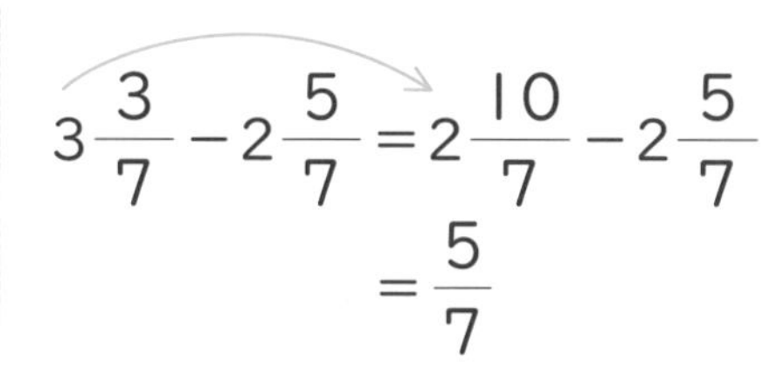

$3\frac{3}{7}-2\frac{5}{7}=2\frac{10}{7}-2\frac{5}{7}$

$=\frac{5}{7}$

※仮分数になおして計算することもできます。

トライの答え　① $\frac{3}{5}$　② $\frac{5}{7}$

次の計算をしましょう。

① $\frac{11}{9}-\frac{4}{9}=$

② $3\frac{4}{5}-1\frac{3}{5}=$

③ $2\frac{5}{9}-1\frac{4}{9}=$

④ $1\frac{4}{7}-\frac{6}{7}=$

$=$

⑤ $3-\frac{3}{4}=2\frac{4}{4}-$

$=$

⑥ $4-1\frac{2}{9}=$

$=$

ロボたまにおしえよう！

分母が同じ分数の計算は、（　　　）どうしを計算するよ。
帯分数のときは整数の部分と分数の部分を分けて計算しよう！

19 計算の順じょとくふう

月　日　名前

トライ 次の計算をしましょう。

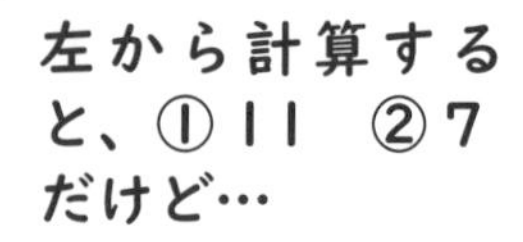

① 10－（4＋5）＝

② 20＋8÷4＝

計算の順じょには、次のようなきまりがあります。

①10－（4＋5）＝10－9＝1 ➡ （　）の中をひとまとまりと考え、先に計算します。

②20＋8÷4＝20＋2＝22 ➡ ×や÷は、＋や－より先に計算します。

トライの答え　①1　②22

次の計算をしましょう。

① 80－（110－70）
＝
＝

② 4×（3＋5）
＝
＝

③ 12－9÷3×4
＝
＝

④ 9×2＋12÷3
＝
＝

⑤ 35÷（13－6）
＝
＝

⑥ 18×（14－6）÷6
＝
＝

トライ くふうして計算します。□にあてはまる数をかきましょう。

79 × 5 ＋ 21 × 5 ＝ （　　＋　　）× □
＝ □ × 5
＝ □

分配(ぶんぱい)のきまり

（● ＋ ■）× △ ＝ ● × △ ＋ ■ × △
（● － ■）× △ ＝ ● × △ － ■ × △　　です。

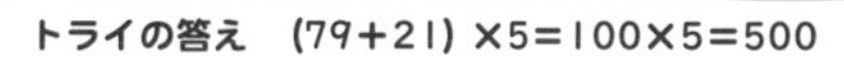

トライの答え　（79＋21）×5＝100×5＝500

次の計算をしましょう。

① 27＋51＋73
＝
＝

② 25 × 96
＝25 ×（　　－　　）
＝

③ 103×15
＝
＝

④ 4.3× 7 ＋5.7× 7
＝
＝

ロボたまにおしえよう！

計算のじゅんじょは、（　　）や（＋、－、×、÷）を先に計算するきまりだよ。（2つに○をつけよう）
99×7＝（□－□）× 7とすると計算しやすいね。

角

月　　日　　名前

1 分度器(ぶんどき)を使って、角度をはかりましょう。

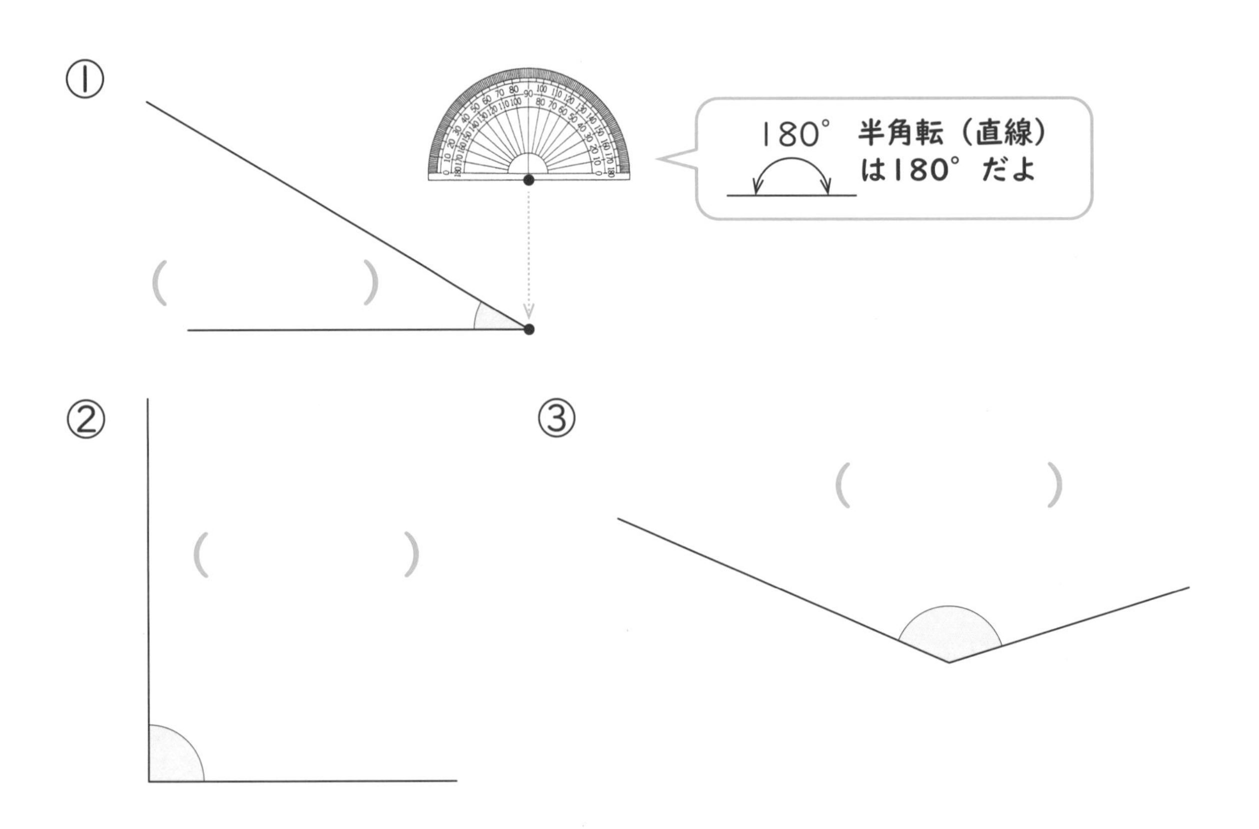

2 角をかきましょう。

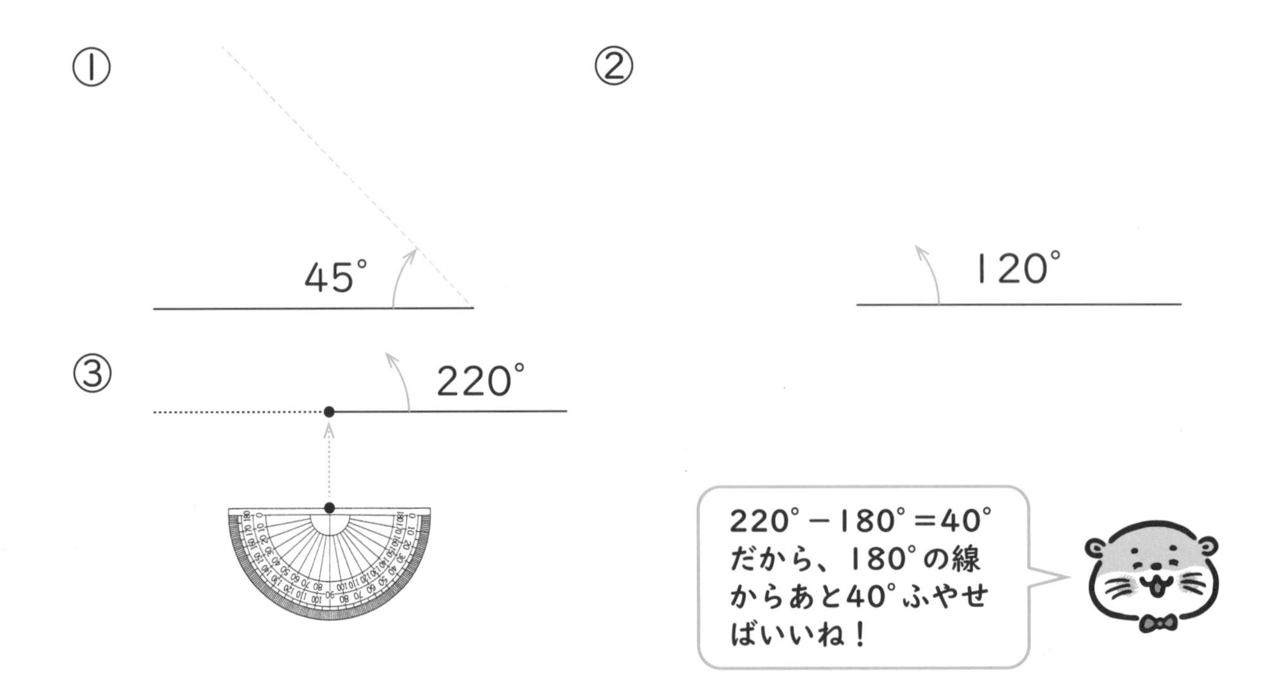

3 次の角度を計算で求めましょう。

①

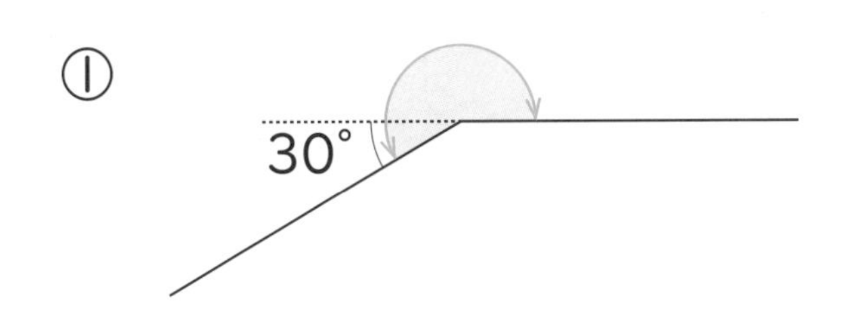

式 180 + =

答え

②

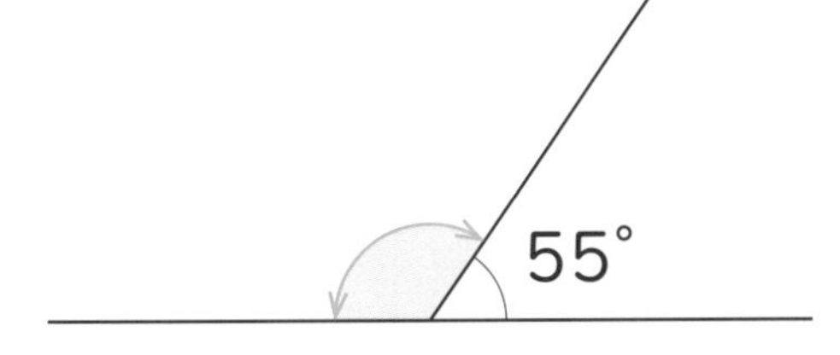

式

答え

③

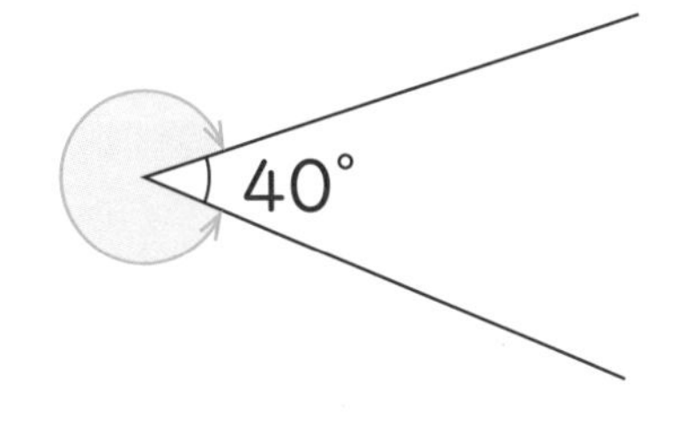

式

答え

一回転の角は360°じゃよ

④

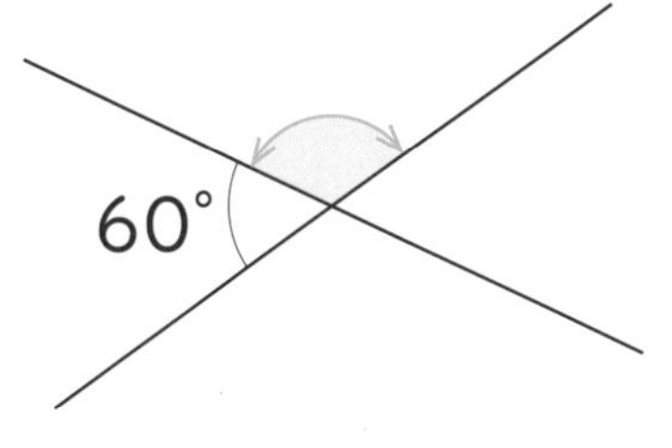

式

答え

ロボたまにおしえよう！

角度の計算は、半回転の（　　　）°や一回転の（　　　）°からたしたりひいたりするとやりやすいよ。

垂直と平行

月　日　名前

トライ　次の図について答えましょう。

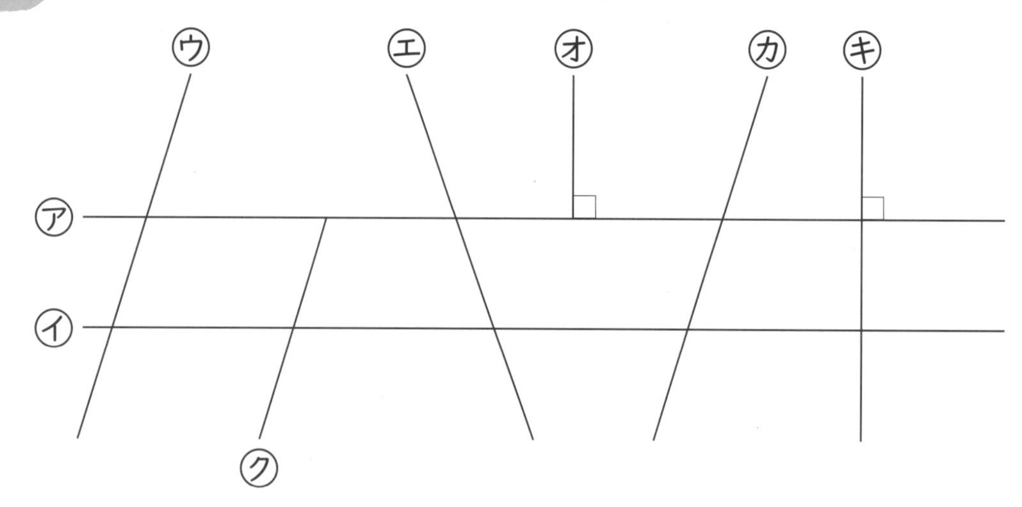

① アの直線に垂直(すいちょく)な直線は（　　　　）と（　　　　）です。

② カの直線に平行な直線は（　　　　）と（　　　　）です。

線がいっぱいでわからないよ～！

２本の直線が直角に交わるとき、この２本の直線は垂直であるといいます。

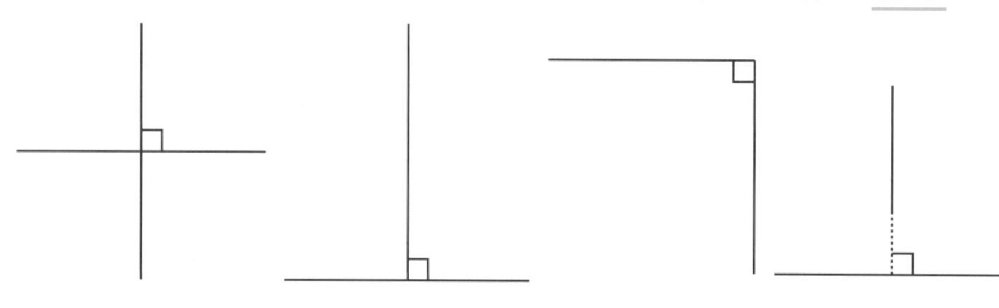

← 線をのばすと直角に交わる

１本の直線に垂直な２本の直線は、平行であるといいます。アとイは平行です。

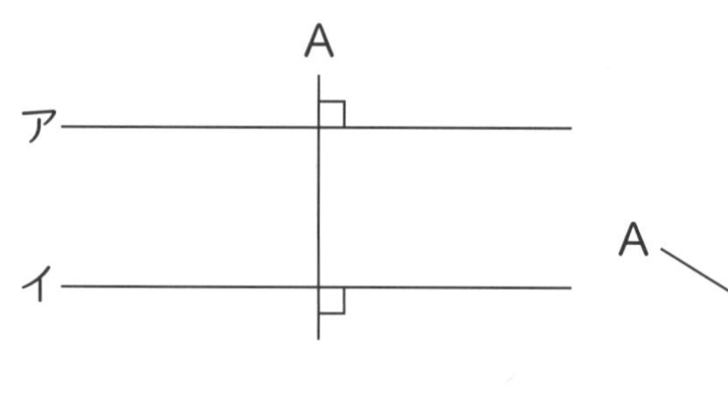

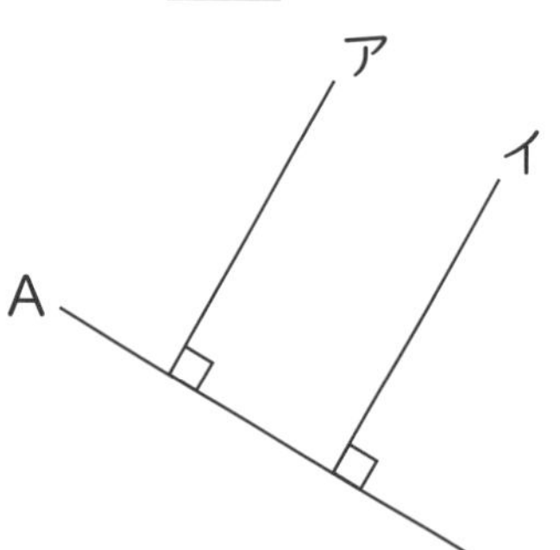

トライの答え　①オ、キ　②ウ、ク

1 点アを通る、直線Aに垂直な直線をかきましょう。

①

②

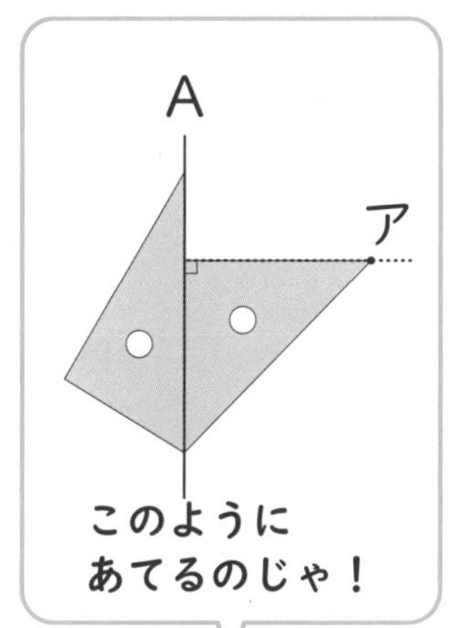

2 点アを通る、直線Aに平行な直線をかきましょう。

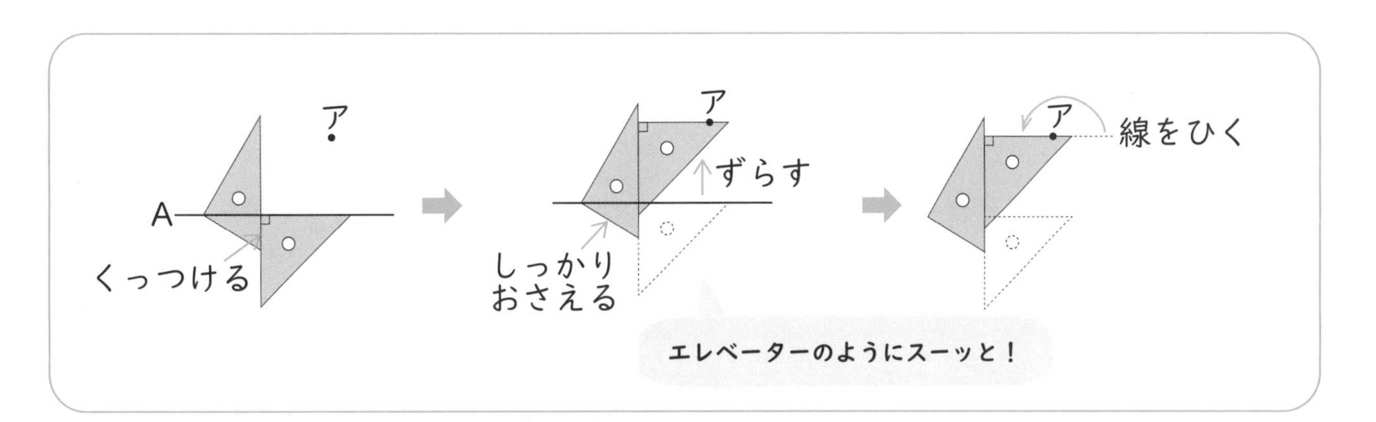

ロボたまにおしえよう！

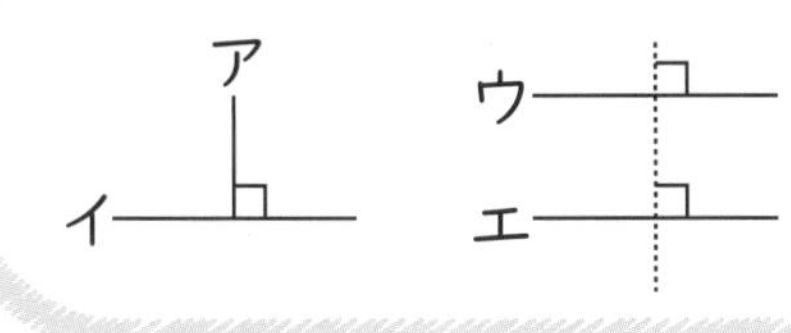

アとイの直線は（　　　　）、
ウとエの直線は（　　　　）だよ。

いろいろな四角形の特ちょう

月　日　名前

1 **平行四辺形**(へいこうしへんけい)をしあげて、特(とく)ちょうをかきましょう。

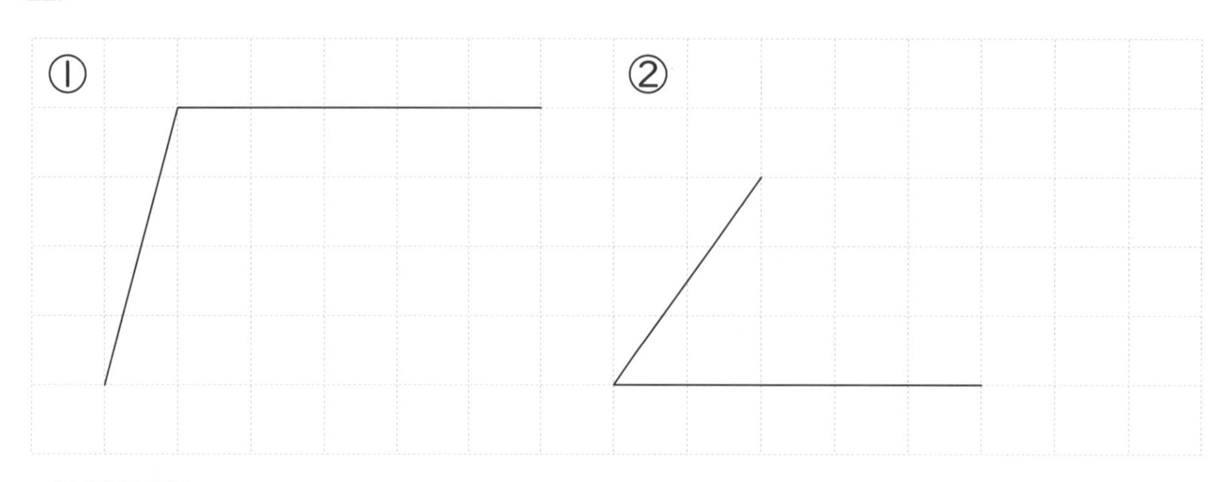

特ちょう　向かい合った辺が（　　）組とも（　　　　）です。

2 次の**台形**(だいけい)と同じ形を右にかき、特ちょうをかきましょう。

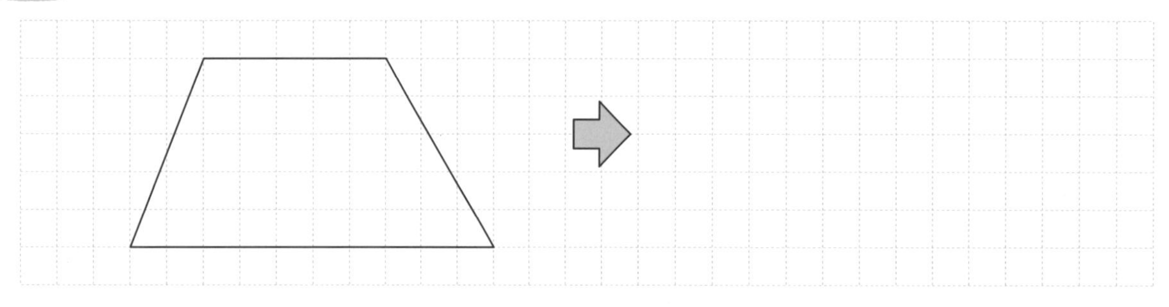

特ちょう　向かい合った（　　）組の辺が（　　　　）です。

3 **ひし形**(がた)をしあげて、特ちょうをかきましょう。

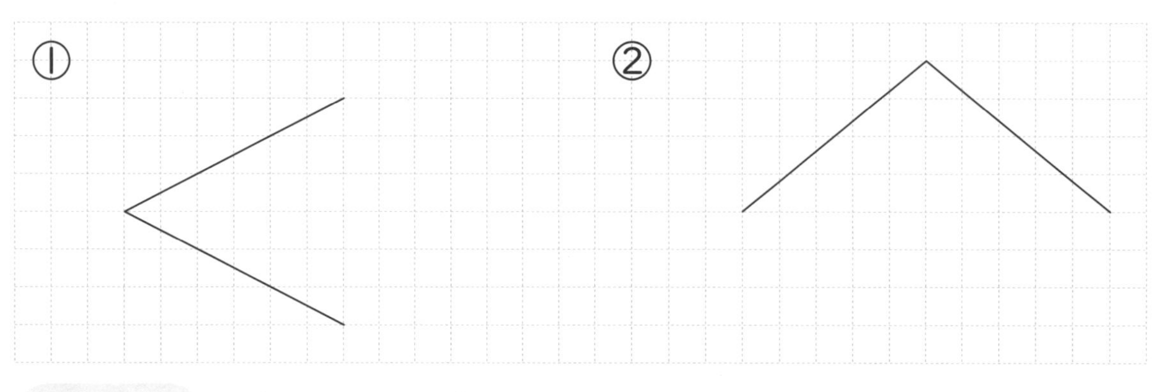

特ちょう　（　　　　）つの辺の長さがすべて等しいです。

23 直方体と立方体

月　日　名前

1 直方体(ちょくほうたい)や立方体(りっぽうたい)の見取図(みとりず)を完成(かんせい)させましょう。

① 直方体　　② 立方体

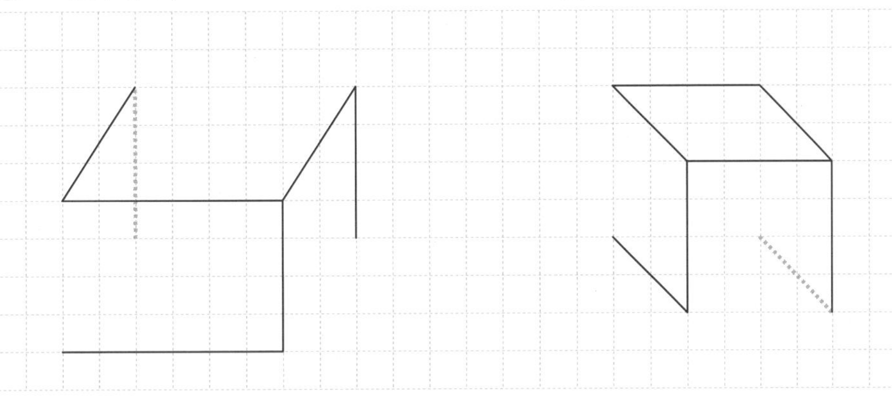

見えない辺は点線でかくよ！

2 立体の展開図(てんかいず)を完成させましょう。

（たて４cm、横３cm、高さ１cmの直方体）

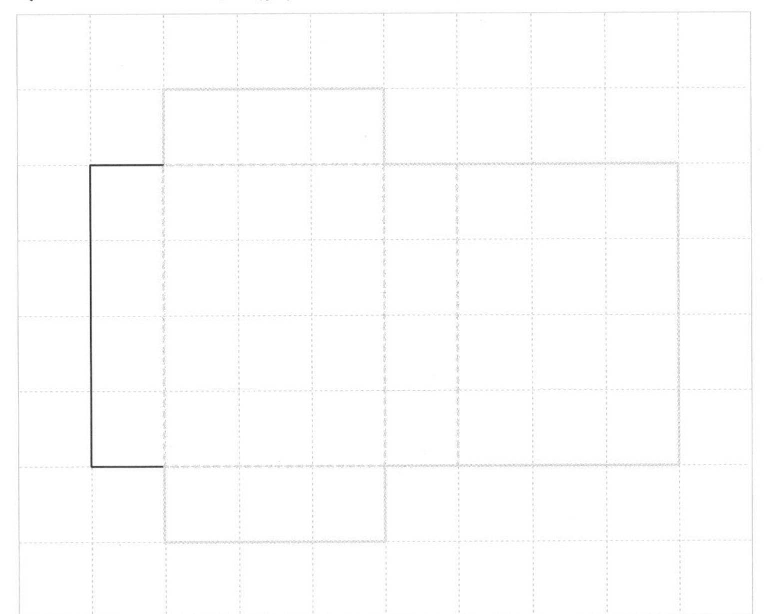

立体を辺にそって切り開いた形を、展開図というのじゃ。面と面の間の線は折(お)り目で、点線でかくんじゃよ。

ロボたまにおしえよう！

長方形だけや、長方形と正方形でかこまれた形を（　　　　）、正方形だけでかこまれた形を（　　　　）というよ。

面積の求め方

月　　日　　名前

たて30cm、横12cmの長方形の面積を求めましょう。

式

答え ＿＿＿＿＿＿＿＿

どんな式で求められるのかな？

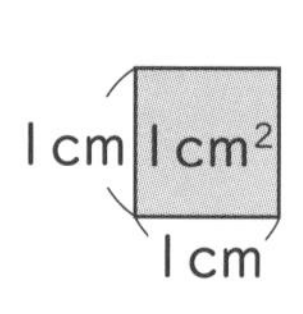

1辺が1cmの正方形の面積を、1×1＝1
1cm²（1平方センチメートル）といいます。
長方形の面積は、たて×横で、
正方形の面積は1辺×1辺で求められます。

トライの答え　30×12=360、360cm²

1 次の長方形や正方形の面積を求めましょう。

①

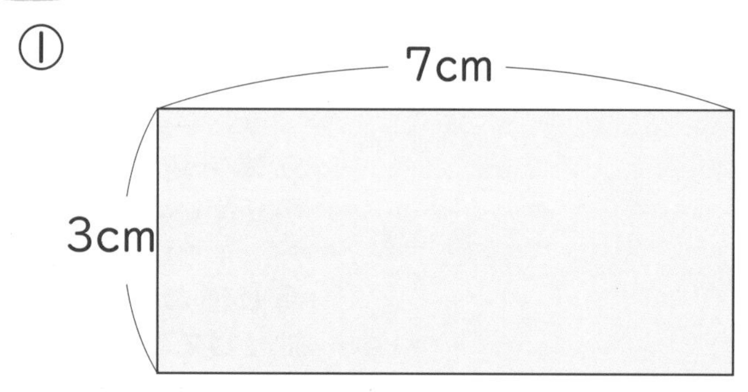

式

答え ＿＿＿＿＿＿＿＿

②

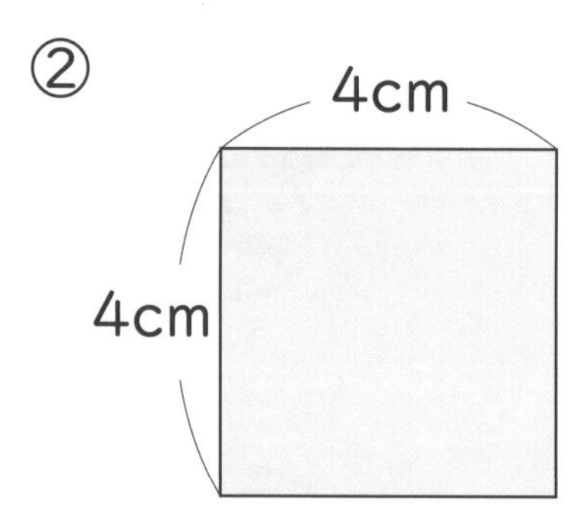

式

答え ＿＿＿＿＿＿＿＿

③　1辺が10cmの正方形

式

答え ＿＿＿＿＿＿＿＿

2 次の　　の部分の面積を求めましょう。

①

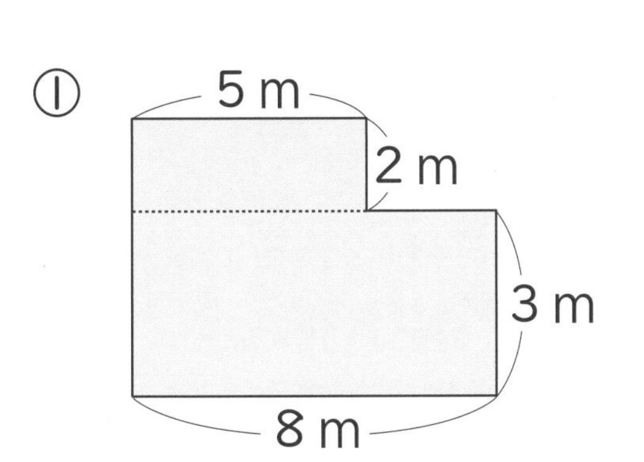

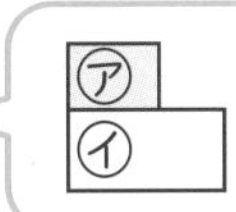

分けて考えてみるのじゃ

式　2 × 5 = 10　…㋐

3 × 8 = 24　…㋑

10 + 24 = 34　…㋐+㋑

答え　34 m^2

②

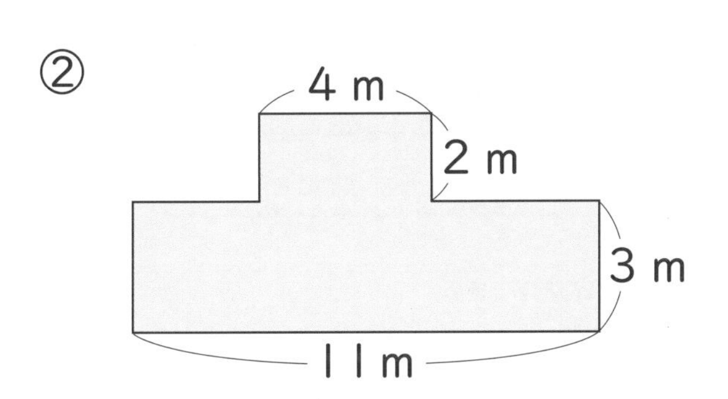

式

答え

③

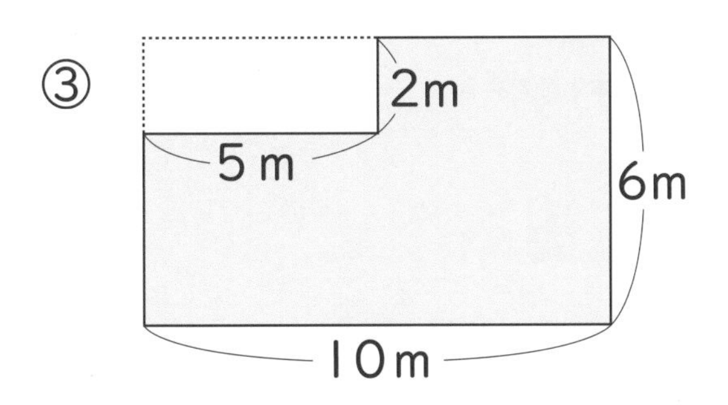

式

答え

④

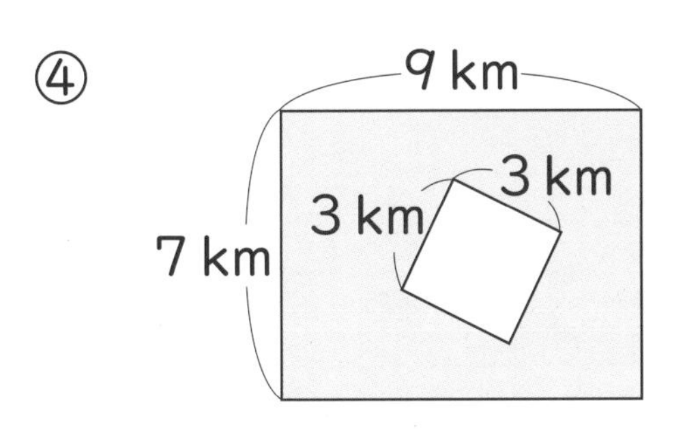

式

答え

ロボたまにおしえよう！

長方形の面積は（た　　　）×（　　　）、

正方形の面積は（　　　）×（　　　）で求められるよ！

学力の基礎をきたえどの子も伸ばす研究会

HPアドレス　http://gakuryoku.info/

常任委員長　岸本ひとみ
事務局　〒675-0032 加古川市加古川町備後 178－1－2－102 岸本ひとみ方 ☎・Fax 0794－26－5133

① めざすもの

私たちは、すべての子どもたちが、日本国憲法と子どもの権利条約の精神に基づき、確かな学力の形成を通して豊かな人格の発達が保障され、民主平和の日本の主権者として成長することを願っています。しかし、発達の基盤ともいうべき学力の基礎を鍛えられないまま落ちこぼれている子どもたちが普遍化し、「荒れ」の情況があちこちで出てきています。

私たちは、「見える学力、見えない学力」を共に養うこと、すなわち、基礎の学習をやり遂げさせることと、読書やいろいろな体験を積むことを通して、子どもたちが「自信と誇りとやる気」を持てるようになると考えています。

私たちは、人格の発達が歪められている情況の中で、それを克服し、子どもたちが豊かに成長するような実践に挑戦します。

そのために、つぎのような研究と活動を進めていきます。

① 「読み・書き・計算」を基軸とした学力の基礎をきたえる実践の創造と普及。
② 豊かで確かな学力づくりと子どもを励ます指導と評価の探究。
③ 特別な力量や経験がなくても、その気になれば「いつでも・どこでも・だれでも」ができる実践の普及。
④ 子どもの発達を軸とした父母・国民・他の民間教育団体との協力、共同。

私たちの実践が、大多数の教職員や父母・国民の方々に支持され、大きな教育運動になるよう地道な努力を継続していきます。

② 会　　員

- 本会の「めざすもの」を認め、会費を納入する人は、会員になることができる。
- 会費は、年 4000 円とし、7月末までに納入すること。①または②

①郵便振替　口座番号　00920－9－319769
名　　称　学力の基礎をきたえどの子も伸ばす研究会

②ゆうちょ銀行
店番099　店名〇九九店（ゼロキュウキュウ）　当座0319769

- 特典　研究会をする場合、講師派遣の補助を受けることができる。
大会参加費の割引を受けることができる。
学力研ニュース、研究会などの案内を無料で送付してもらうことができる。
自分の実践を学力研ニュースなどに発表することができる。
研究の部会を作り、会場費などの補助を受けることができる。
地域サークルを作り、会場費の補助を受けることができる。

③ 活　　動

全国家庭塾連絡会と協力して以下の活動を行う。

- 全国大会　全国の研究、実践の交流、深化をはかる場とし、年１回開催する。通常、夏に行う。
- 地域別集会　地域の研究、実践の交流、深化をはかる場とし、年１回開催する。
- 合宿研究会　研究、実践をさらに深化するために行う。
- 地域サークル　日常の研究、実践の交流、深化の場であり、本会の基本活動である。可能な限り月１回の月例会を行う。
- 全国キャラバン　地域の要請に基づいて講師派遣をする。

全国家庭塾連絡会

① めざすもの

私たちは、日本国憲法と子どもの権利条約の精神に基づき、すべての子どもたちが確かな学力と豊かな人格を身につけて、わが国の主権者として成長することを願っています。しかし、わが子も含めて、能力があるにもかかわらず、必要な学力が身につかないままになっている子どもたちがたくさんいることに心を痛めています。

私たちは学力研が追究している教育活動に学びながら、「全国家庭塾連絡会」を結成しました。

この会は、わが子に家庭学習の習慣化を促すことを主な活動内容とする家庭塾運動の交流と普及を目的としています。

私たちの試みが、多くの父母や教職員、市民の方々に支持され、地域に根ざした大きな運動になるよう学力研と連携しながら努力を継続していきます。

② 会　　員

本会の「めざすもの」を認め、会費を納入する人は会員になれる。
会費は年額 1500 円とし（団体加入は年額 3000 円）、7月末までに納入する。
会員は会報や連絡交流会の案内、学力研集会の情報などをもらえる。

事務局　〒564-0041　大阪府吹田市泉町 4－29－13　影浦邦子方　☎・Fax 06－6380－0420
郵便振替　口座番号　00900－1－109969　　名称　全国家庭塾連絡会

算数だいじょうぶドリル　小学４年生

2021年1月20日　発行

●著者／図書 啓展
編集／金井 敬之
●デザイン／美濃企画株式会社
●制作担当編集／青木 圭子　☆☆
●企画／清風堂書店　1032
●HP／http://foruma.co.jp

●発行者／面屋 洋
●発行所／フォーラム・A
〒530-0056 大阪市北区兎我野町15-13 ミユキビル
TEL／06-6365-5606　FAX／06-6365-5607
振替／00970-3-127184
乱丁・落丁本はおとりかえいたします。

4年生
答え

p. 4-5 1 きそ計算（たし算・ひき算）

1
① 11　④ 17　⑦ 13
② 10　⑤ 16　⑧ 11
③ 10　⑥ 10　⑨ 12

2
① 14　⑤ 15　⑨ 10
② 11　⑥ 14　⑩ 13
③ 14　⑦ 16　⑪ 18
④ 12　⑧ 11　⑫ 12

3
① 9　⑧ 6　⑮ 5
② 4　⑨ 9　⑯ 7
③ 9　⑩ 3　⑰ 6
④ 8　⑪ 8　⑱ 9
⑤ 7　⑫ 8　⑲ 6
⑥ 5　⑬ 9　⑳ 7
⑦ 6　⑭ 8　㉑ 8

ロボたまにおしえよう!

「なし」に○をするか、まちがえた
問題の数がかけていればイイヨ！

p. 6-7 2 0、10のかけ算と九九のきまり

1
① 0　② 0　③ 50

2
① 4　② 9

3
① 10　⑬ 32　㉕ 81
② 49　⑭ 72　㉖ 28
③ 40　⑮ 25　㉗ 30
④ 48　⑯ 12　㉘ 42
⑤ 10　⑰ 54　㉙ 15
⑥ 42　⑱ 56　㉚ 56
⑦ 36　⑲ 28　㉛ 63
⑧ 24　⑳ 30　㉜ 48
⑨ 35　㉑ 36　㉝ 18
⑩ 40　㉒ 63　㉞ 64
⑪ 54　㉓ 45　㉟ 15
⑫ 14　㉔ 72　㊱ 32

p. 8-9 3 あまりのないわり算

1
㋐、㋑、㋑、㋐

2
① 8　⑭ 8
② 4　⑮ 8
③ 3　⑯ 8
④ 7　⑰ 7
⑤ 5　⑱ 9
⑥ 4　⑲ 4
⑦ 7　⑳ 6
⑧ 3　㉑ 6
⑨ 4　㉒ 8
⑩ 9　㉓ 7
⑪ 3　㉔ 9
⑫ 5　㉕ 6
⑬ 2　㉖ 9

p. 10-11 4 あまりのあるわり算

1
① 2あまり1　⑬ 9あまり1
② 6あまり6　⑭ 0あまり4
③ 0あまり3　⑮ 1あまり2
④ 4あまり2　⑯ 2あまり4
⑤ 9あまり5　⑰ 9あまり3
⑥ 5あまり3　⑱ 3あまり1
⑦ 1あまり2　⑲ 4あまり1
⑧ 3あまり3　⑳ 6あまり2
⑨ 9あまり5　㉑ 6あまり1

⑩ 5あまり3　㉒ 6あまり3
⑪ 5あまり2　㉓ 3あまり3
⑫ 6あまり1　㉔ 6あまり3

2
① 1あまり3　⑭ 2あまり8
② 4あまり7　⑮ 6あまり5
③ 1あまり5　⑯ 7あまり5
④ 6あまり2　⑰ 8あまり7
⑤ 4あまり5　⑱ 5あまり6
⑥ 1あまり4　⑲ 2あまり6
⑦ 1あまり2　⑳ 4あまり4
⑧ 3あまり5　㉑ 1あまり6
⑨ 6あまり8　㉒ 6あまり7
⑩ 8あまり5　㉓ 6あまり5
⑪ 7あまり4　㉔ 1あまり6
⑫ 3あまり3　㉕ 7あまり1
⑬ 6あまり6　㉖ 4あまり6

p. 12-13　5　わり算　まとめ

1
① 1あまり2　⑧ 8あまり8
② 0あまり4　⑨ 3あまり7
③ 7あまり7　⑩ 3あまり2
④ 5　⑪ 2あまり6
⑤ 6あまり3　⑫ 7
⑥ 7あまり7　⑬ 3あまり4
⑦ 3あまり7　⑭ 2あまり5

2 式　30÷4＝7あまり2

答え　7さつ

3 式　41÷6＝6あまり5
6＋1＝7

答え　7きゃく

4
① 7　⑭ 0あまり3
② 6あまり1　⑮ 6あまり4
③ 4あまり6　⑯ 4あまり5
④ 7あまり6　⑰ 4あまり1
⑤ 0あまり2　⑱ 8
⑥ 7あまり8　⑲ 7あまり6
⑦ 9あまり1　⑳ 5あまり1
⑧ 3あまり8　㉑ 7あまり5
⑨ 8あまり1　㉒ 7あまり3
⑩ 9　㉓ 2あまり3
⑪ 4あまり4　㉔ 9
⑫ 6　㉕ 4あまり2
⑬ 7あまり1　㉖ 2あまり4

ロボたまにおしえよう!　9

p. 14-15　6　3けたのたし算

1
① $\begin{array}{r} 534 \\ +442 \\ \hline 976 \end{array}$　② $\begin{array}{r} 436 \\ +\ \ 67 \\ \hline 503 \end{array}$　③ $\begin{array}{r} 596 \\ +233 \\ \hline 829 \end{array}$

2
① $\begin{array}{r} 479 \\ +\ \ 63 \\ \hline 542 \end{array}$　② $\begin{array}{r} 56 \\ +487 \\ \hline 543 \end{array}$　③ $\begin{array}{r} 198 \\ +\ \ 64 \\ \hline 262 \end{array}$

④ $\begin{array}{r} 239 \\ +592 \\ \hline 831 \end{array}$　⑤ $\begin{array}{r} 678 \\ +143 \\ \hline 821 \end{array}$　⑥ $\begin{array}{r} 335 \\ +276 \\ \hline 611 \end{array}$

⑦ $\begin{array}{r} 259 \\ +343 \\ \hline 602 \end{array}$　⑧ $\begin{array}{r} 227 \\ +475 \\ \hline 702 \end{array}$　⑨ $\begin{array}{r} 518 \\ +186 \\ \hline 704 \end{array}$

⑩ $\begin{array}{r} 462 \\ +238 \\ \hline 700 \end{array}$　⑪ $\begin{array}{r} 357 \\ +143 \\ \hline 500 \end{array}$　⑫ $\begin{array}{r} 326 \\ +474 \\ \hline 800 \end{array}$

ロボたまにおしえよう!

れい　$\begin{array}{r} 345 \\ +276 \\ \hline 621 \end{array}$　（621）

p. 16-17 7 3けたのひき算

1
① 568 −325 / 243　② 935 − 57 / 878　③ 816 −524 / 292

2
① 627 − 58 / 569　② 384 − 97 / 287　③ 635 −267 / 368
④ 713 −514 / 199　⑤ 624 −229 / 395　⑥ 735 −137 / 598
⑦ 504 −126 / 378　⑧ 806 −547 / 259　⑨ 302 −135 / 167
⑩ 800 −437 / 363　⑪ 500 −164 / 336　⑫ 700 −319 / 381

ロボたまにおしえよう！

れい 345 −156 / 189　（189）

p. 18-19 8 一万をこえる数

① 24835
② 68000902
③ 56000000
④ 99999999

1
① 3210
② 850000
③ 2000万

2
① 250
② 70万
③ 802万
④ 1000万

3
① 570万　② 740万

ロボたまにおしえよう！ 8

p. 20 9 1けたをかけるかけ算

① 32 × 4 / 128　② 23 × 9 / 207　③ 75 × 2 / 150
④ 493 × 2 / 986　⑤ 230 × 4 / 920　⑥ 108 × 6 / 648

p. 21 10 2けたをかけるかけ算 ①

① 52 ×34 / 208 / 156 / 1768　② 48 ×29 / 432 / 96 / 1392　③ 67 ×78 / 536 / 469 / 5226

ロボたまにおしえよう！ 48、10、240

p. 22-23 11 2けたをかけるかけ算 ②

1
① 312 × 21 / 312 / 624 / 6552　② 493 × 87 / 3451 / 3944 / 42891　③ 106 × 58 / 848 / 530 / 6148

2
① 91 ×14 / 364 / 91 / 1274　② 30 ×62 / 60 / 180 / 1860　③ 43 ×27 / 301 / 86 / 1161
④ 55 ×46 / 330 / 220 / 2530　⑤ 64 ×97 / 448 / 576 / 6208　⑥ 87 ×76 / 522 / 609 / 6612
⑦ 232 × 45 / 1160 / 928 / 10440　⑧ 263 × 57 / 1841 / 1315 / 14991　⑨ 659 × 73 / 1977 / 4613 / 48107
⑩ 509 × 84 / 2036 / 4072 / 42756　⑪ 703 × 45 / 3515 / 2812 / 31635　⑫ 600 × 48 / 4800 / 2400 / 28800

ロボたまにおしえよう!

正かいした問題の数がかけていればイイヨ！

p. 24-25 12 小数

① 8
② 1.4
③ 0.5
④ 24

① 0.6 + 0.3 = 0.9
② 0.7 + 0.8 = 1.5
③ 3.6 + 2.4 = 6.0
④ 4.8 + 3.2 = 8.0
⑤ 4.0 + 5.8 = 9.8
⑥ 1.6 − 0.7 = 0.9
⑦ 3.5 − 1.8 = 1.7
⑧ 6.7 − 3.7 = 3.0
⑨ 3.0 − 0.5 = 2.5
⑩ 9.2 − 4.0 = 5.2
⑪ 5.0 − 2.3 = 2.7

ロボたまにおしえよう!　10、2.3

あいている位は「.0」をかくと計算シヤスイネ！

p. 26-27 13 分数

① $\frac{5}{10}$　② $\frac{7}{10}$　③ $\frac{9}{10}$

④ 0.1　⑤ 0.6

2

① $\frac{5}{7} < \frac{6}{7}$

② $1 > \frac{3}{5}$

③ $0.3 < \frac{4}{10}$

3

① $\frac{1}{3} + \frac{1}{3} = \frac{2}{3}$

② $\frac{1}{7} + \frac{5}{7} = \frac{6}{7}$

③ $\frac{5}{6} + \frac{1}{6} = \frac{6}{6} = 1$

④ $\frac{2}{9} + \frac{7}{9} = \frac{9}{9} = 1$

⑤ $\frac{5}{8} + \frac{2}{8} = \frac{7}{8}$

4

① $\frac{7}{9} - \frac{5}{9} = \frac{2}{9}$

② $\frac{4}{7} - \frac{3}{7} = \frac{1}{7}$

③ $1 - \frac{1}{3} = \frac{3}{3} - \frac{1}{3} = \frac{2}{3}$

④ $1 - \frac{4}{5} = \frac{5}{5} - \frac{4}{5} = \frac{1}{5}$

⑤ $1 - \frac{5}{6} = \frac{6}{6} - \frac{5}{6} = \frac{1}{6}$

ロボたまにおしえよう!　1、5、6

p. 28 14 長さ

① 1000 m
② 6 km
③ 2 km 500 m
④ 600 m + 400 m = 1000 m = 1 km
⑤ 1 km − 700m = 1000m − 700m = 300m
⑥ 2 km 500 m + 500 m = 3 km

ロボたまにおしえよう!　道、道のり

p. 29　15　重さ

1　①　㋐　1000g

㋑　1kg

㋒　1000kg

㋓　1t

②　1300g

③　8kg600g

2　①　kg　　②　t

③　g　　④　g

ロボたまにおしえよう！　3

p. 30　16　円と球

式　20÷2＝10

10÷2＝5

答え　5cm

ロボたまにおしえよう！　円

p. 31　17　三角形と角

①

②

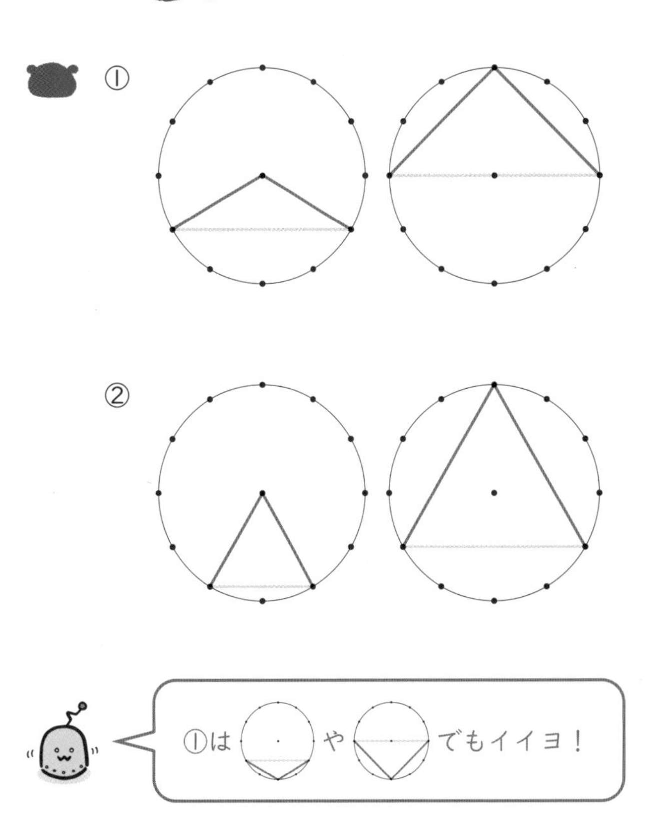

ロボたまにおしえよう！　二等辺三角形

p. 32　さんすうクロスワード

■	①き	■	②と	け	③い
④そ	ろ	ば	ん	■	ち
■	め	■	■	■	ま
■	え	■	■	⑤さ	ん
⑥に	と	う	へ	ん	■
■	る	■	■	⑦ご	ご

p. 34-35  一億をこえる数のしくみ

1
① 千四百五十三億二千万八千六百九十七
② 四百十九兆九十三億七千二百万五千

2
① 1億
② 10000
③ 10000
④ 30億2700万
⑤ 70兆2400億

ロボたまにおしえよう！ 1億、10

p. 36-37  一億をこえる数のしくみと計算

① 40兆、400兆
② 7兆1800億
③ 9000万
④ 24億

①
```
      302
    ×819
     2718
     302
  2416
  247338
```
②
```
   15|00
 ×46|0
   90|
  60 |
  690|000
```

②は、15×46の積の（1000）倍だから、上のように計算できるね

p. 38-39  およその数の表し方とはんい

① 74000
② 57000
③ 42000000

① 8、9、10、11、12、13
② 0、1、2、3、4
③ 0、1、2、3
④ 10、11、12、13
⑤ 0、1、2、3、4、5

ロボたまにおしえよう！ 4、5

p. 40-41  2けた÷1けたのわり算

①
```
    18
 4)72
   4
   32
   32
    0
```
② 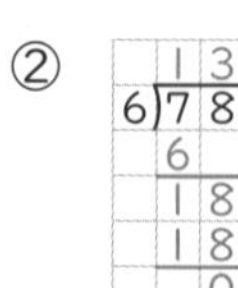
```
    13
 6)78
   6
   18
   18
    0
```
③ 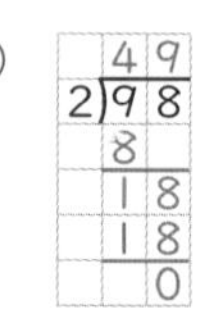
```
    49
 2)98
   8
   18
   18
    0
```
④
```
    11
 7)83
   7
   13
    7
    6
```
⑤ 
```
    13
 5)68
   5
   18
   15
    3
```
⑥ 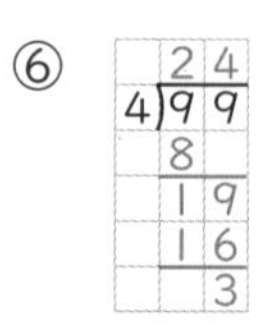
```
    24
 4)99
   8
   19
   16
    3
```
⑦
```
     4
 6)27
   24
    3
```
⑧
```
     7
 5)37
   35
    2
```
⑨
```
     4
 8)32
   32
    0
```

ロボたまにおしえよう！

たてる → かける → ひく → おろす

p. 42-43  3けた÷1けたのわり算

1

① 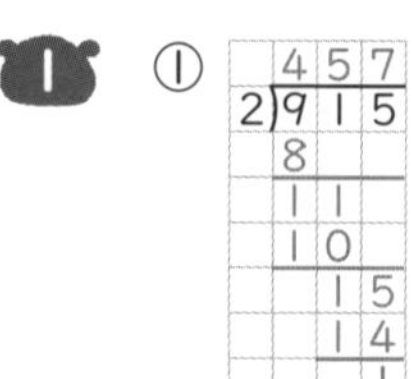
```
    457
 2)915
   8
   11
   10
    15
    14
     1
```
②
```
    268
 3)805
   6
   20
   18
    25
    24
     1
```
③
```
    218
 4)874
   8
    7
    4
    34
    32
     2
```
④
```
    302
 2)605
   6
    0
    0
     5
     4
     1
```
（0の部分は かくのを省いてもよい。）

⑤ 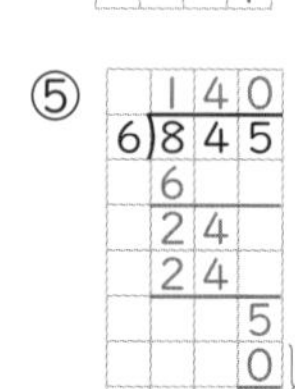
```
    140
 6)845
   6
   24
   24
     5
     0
     5
```
（書いてもよい）

⑥ 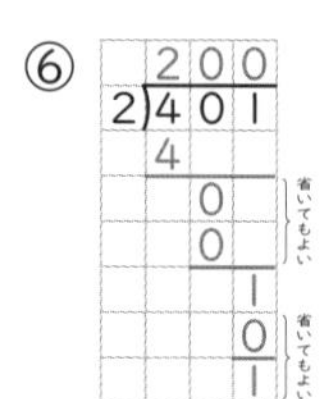
```
    200
 2)401
   4
    0
    0
     1
     0
     1
```
（書いてもよい）

2
① 67 / 7)469 / 42 / 49 / 49 / 0
② 96 / 6)576 / 54 / 36 / 36 / 0
③ 75 / 9)680 / 63 / 50 / 45 / 5
④ 78 / 8)631 / 56 / 71 / 64 / 7
⑤ 55 / 5)276 / 25 / 26 / 25 / 1
⑥ 97 / 5)488 / 45 / 38 / 35 / 3
⑦ 60 / 2)121 / 12 / 1 / 0 / 1
⑧ 40 / 7)283 / 28 / 3 / 0 / 3

ロボたまにおしえよう!

たてる → かける → ひく → おろす

p. 44-45 6 2けた÷2けたのわり算

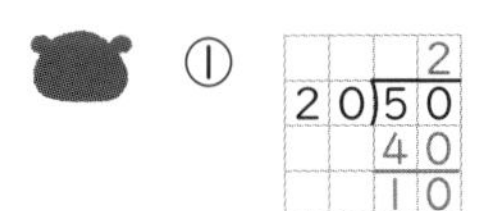
1 ① 2 / 20)50 / 40 / 10
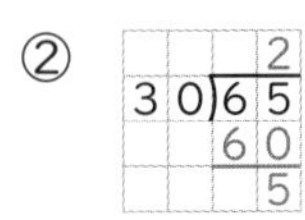
② 2 / 30)65 / 60 / 5
③ 2 / 40)92 / 80 / 12

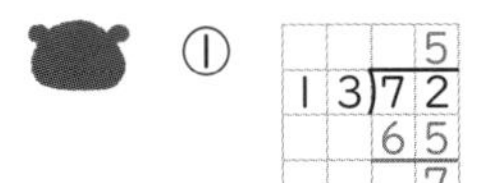
2 ① 5 / 13)72 / 65 / 7
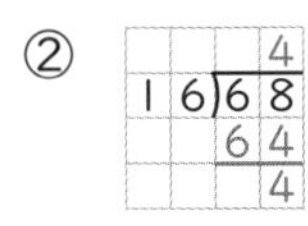
② 4 / 16)68 / 64 / 4
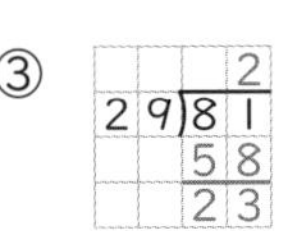
③ 2 / 29)81 / 58 / 23

ロボたまにおしえよう! 1

p. 46-47 7 3けた÷2けたのわり算

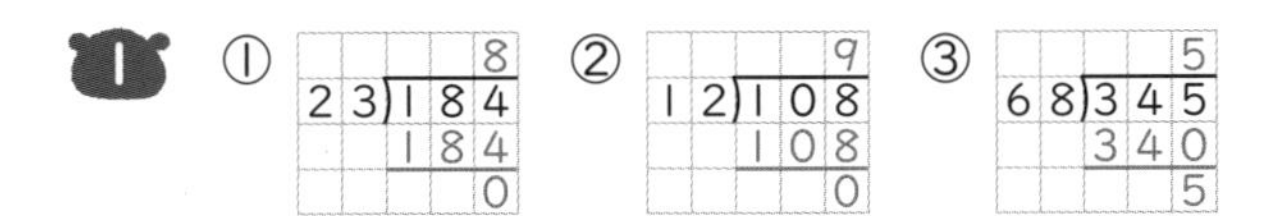
1 ① 8 / 23)184 / 184 / 0
② 9 / 12)108 / 108 / 0
③ 5 / 68)345 / 340 / 5

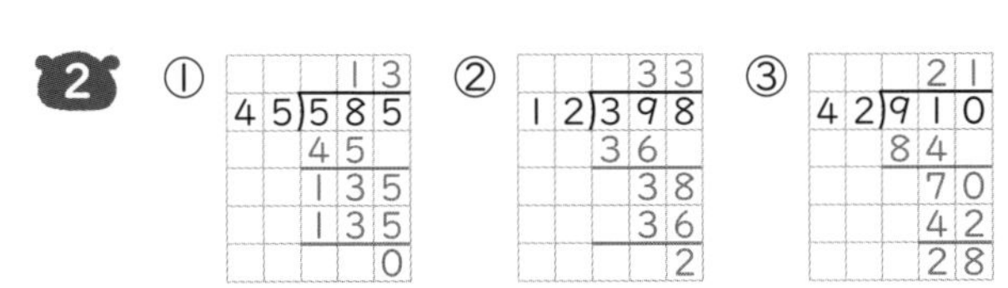
2 ① 13 / 45)585 / 45 / 135 / 135 / 0
② 33 / 12)398 / 36 / 38 / 36 / 2
③ 21 / 42)910 / 84 / 70 / 42 / 28
④ 18 / 46)828 / 46 / 368 / 368 / 0
⑤ 25 / 26)656 / 52 / 136 / 130 / 6
⑥ 59 / 12)710 / 60 / 110 / 108 / 2
⑦ 26 / 17)444 / 34 / 104 / 102 / 2

ロボたまにおしえよう! 1

p. 48-49 8 2けたでわるわり算まとめ

1 ① 8　② 5あまり30
③ 3 / 22)68 / 66 / 2
④ 2 / 28)82 / 56 / 26
⑤ 9 / 54)497 / 486 / 11
⑥ 6 / 37)249 / 222 / 27
⑦ 30 / 18)554 / 54 / 14
⑧ 33 / 28)932 / 84 / 92 / 84 / 8
⑨ 18 / 39)733 / 39 / 343 / 312 / 31
⑩ 25 / 31)775 / 62 / 155 / 155 / 0

2 ① 9 / 14)137 / 126 / 11　式 14×9＋11＝137
② 16 / 52)863 / 52 / 343 / 312 / 31　式 52×16＋31＝863

3 ① 式 43×15＋10＝655
② 式 655÷53＝12あまり19

ロボたまにおしえよう!

たてる → かける → ひく → おろす、商

p. 50-51  小数の表し方

1
① 1.36 m
② 2.508 km
③ 0.47 m
④ 5.372 kg
⑤ 0.096 kg

2
① 2.64
② 2.95
③ 3.19

3
① 314
② 3、1、4

4
① 3、1、4
② 2、5、7
③ 4、2、1、9
④ 5、0、9、7
⑤ 7、3、0、5
⑥ 8、2

p. 52-53  小数のしくみ

●
① 15.6
② 9.2
③ 314
④ 28.5
⑤ 318
⑥ 8560

●
① 5.6
② 0.179
③ 0.78
④ 31.4
⑤ 0.062

ロボたまにおしえよう! 1、下

p. 54-55  小数のたし算とひき算

●

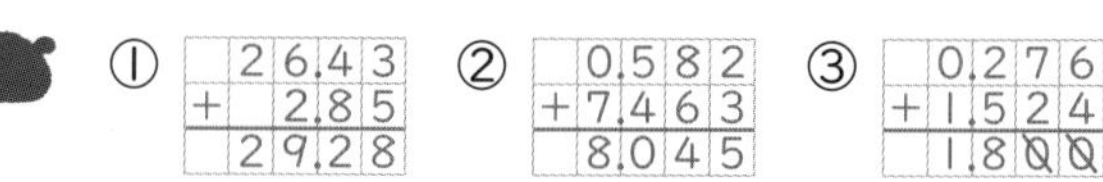

① 26.43 + 2.85 = 29.28
② 0.582 + 7.463 = 8.045
③ 0.276 + 1.524 = 1.800
④ 0.063 + 0.597 = 0.660
⑤ 32.71 + 5.00 = 37.71
⑥ 7.068 + 3.000 = 10.068

●

① 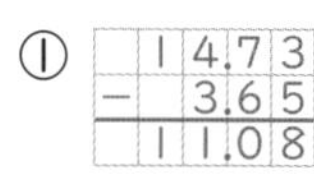 14.73 − 3.65 = 11.08
② 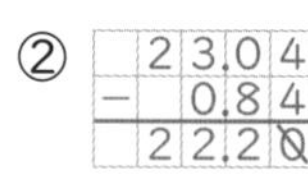 23.04 − 0.84 = 22.20
③ 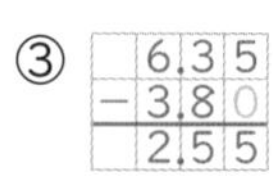 6.35 − 3.80 = 2.55
④ 10.60 − 9.72 = 0.88
⑤ 17.00 − 2.43 = 14.57
⑥ 1.000 − 0.086 = 0.914

ロボたまにおしえよう! 位、小数点

あいている位は0をかくと計算シヤスイネ！

p. 56-57  小数×整数

1

① 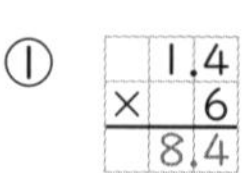 1.4 × 6 = 8.4
② 3.2 × 4 = 12.8
③ 0.5 × 6 = 3.0
④ 34.7 × 2 = 69.4
⑤ 0.96 × 7 = 6.72
⑥ 6.23 × 5 = 31.15

2

① 1.2 × 32：24、36、38.4
② 2.1 × 42：42、84、88.2
③ 8.4 × 64：336、504、537.6
④ 7.08 × 86：4248、5664、608.88
⑤ 0.2 × 5 = 1.0
⑥ 0.25 × 72：50、175、18.00
⑦ 0.46 × 85：230、368、39.10

ロボたまにおしえよう！　右、小数点

p. 58-59  13 小数÷整数（あまりなし）

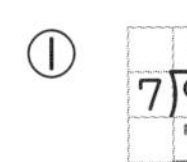 1

① 1.4
7)9.8
7
28
28
0

② 7.2
6)43.2
42
12
12
0

③ 8.2
9)73.8
72
18
18
0

 2

① 1.3
12)15.6
12
36
36
0

② 2.2
23)50.6
46
46
46
0

③ 2.5
15)37.5
30
75
75
0

④ 2.8
17)47.6
34
136
136
0

⑤ 2.3
42)96.6
84
126
126
0

ロボたまにおしえよう！　小数点

p. 60-61  14 小数÷整数（0がたつ・あまりを求める）

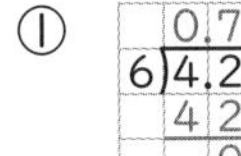 1

① 0.7
6)4.2
42
0

② 0.6
48)28.8
288
0

③ 0.06
12)0.72
72
0

2

① 1.9
5)9.8
5
48
45
0.3

② 2.4
36)86.9
72
149
144
0.5

③ 1.9
23)45.8
23
228
207
2.1

ロボたまにおしえよう！　小数点

p. 62-63  15 小数÷整数（わり進み・四捨五入）

1

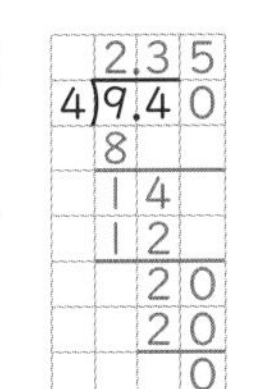

① 2.35
4)9.40
8
14
12
20
20
0

② 5.25
8)42.00
40
20
16
40
40
0

2

① 0.9

0.87
67)58.30
536
470
469
1

② 0.3

0.32
23)7.50
69
60
46
14

ロボたまにおしえよう！　$\frac{1}{100}$、2

p. 64-65  16 小数のかけ算・わり算まとめ

1 ① 7.2　② 0.72

2

① 27.3
× 6
163.8

② 0.8
×40
32.0

③ 9.16
× 35
4580
2748
320.60

3

① 8.9
4)35.6
32
36
36
0

② 0.15
6)0.90
6
30
30
0

③ 0.7
64)49.7
448
4.9

4 式　13.45×18＝242.1

答え　242.1 kg

5 式　15.6÷6＝2.6

答え　2.6 m

6 （赤）式　3÷2＝1.5　答え　1.5倍

（黄）式　7÷2＝3.5　答え　3.5倍

p. 66-67  仮分数と帯分数

1 ㋐ 仮分数 $\frac{7}{6}$ 帯分数 $1\frac{1}{6}$

㋑ 仮分数 $\frac{11}{6}$ 帯分数 $1\frac{5}{6}$

2 ① $1\frac{2}{3}$

② $2\frac{3}{4}$

③ 3

④ $2\frac{3}{5}$

⑤ $1\frac{7}{9}$

⑥ 2

3 ① $\frac{7}{5}$

② $\frac{12}{7}$

③ $\frac{9}{8}$

④ $\frac{5}{3}$

⑤ $\frac{21}{8}$

⑥ $\frac{23}{9}$

⑦ $\frac{13}{4}$

⑧ $\frac{18}{5}$

ロボたまにおしえよう! 13

p. 68-69  分数のたし算・ひき算

① $\frac{7}{8}+\frac{6}{8}=\frac{13}{8}=1\frac{5}{8}$

② $\frac{10}{9}+\frac{8}{9}=\frac{18}{9}=2$

③ $2\frac{1}{5}+1\frac{2}{5}=3\frac{3}{5}$

④ $3\frac{4}{7}+\frac{2}{7}=3\frac{6}{7}$

⑤ $2\frac{4}{9}+3\frac{7}{9}=5\frac{11}{9}=6\frac{2}{9}$

⑥ $\frac{3}{8}+4\frac{5}{8}=4\frac{8}{8}=5$

① $\frac{11}{9}-\frac{4}{9}=\frac{7}{9}$

② $3\frac{4}{5}-1\frac{3}{5}=2\frac{1}{5}$

③ $2\frac{5}{9}-1\frac{4}{9}=1\frac{1}{9}$

④ $1\frac{4}{7}-\frac{6}{7}=\frac{11}{7}-\frac{6}{7}=\frac{5}{7}$

⑤ $3-\frac{3}{4}=2\frac{4}{4}-\frac{3}{4}=2\frac{1}{4}$

⑥ $4-1\frac{2}{9}=3\frac{9}{9}-1\frac{2}{9}=2\frac{7}{9}$

ロボたまにおしえよう! 分子

p. 70-71  計算の順じょとくふう

① 80－(110－70)

＝80－40

＝40

② 4×(3＋5)

＝4×8

＝32

③　$12-9\div3\times4$

$=12-3\times4$

$=12-12$

$=0$

④　$9\times2+12\div3$

$=18+4$

$=22$

⑤　$35\div(13-6)$

$=35\div7$

$=5$

⑥　$18\times(14-6)\div6$

$=18\times8\div6$

$=144\div6$

$=24$

4 ①　$27+51+73$

$=(27+73)+51$

$=100+51$

$=151$

②　25×96

$=25\times(100-4)$

$=25\times100-25\times4$

$=2500-100$

$=2400$

③　103×15

$=(100+3)\times15$

$=100\times15+3\times15$

$=1500+45$

$=1545$

④　$4.3\times7+5.7\times7$

$=(4.3+5.7)\times7$

$=10\times7$

$=70$

ロボたまにおしえよう!　×・÷に○

$(100-1)\times7$

p. 72-73  角

1 ①　30°

②　90°

③　140°

2 ①

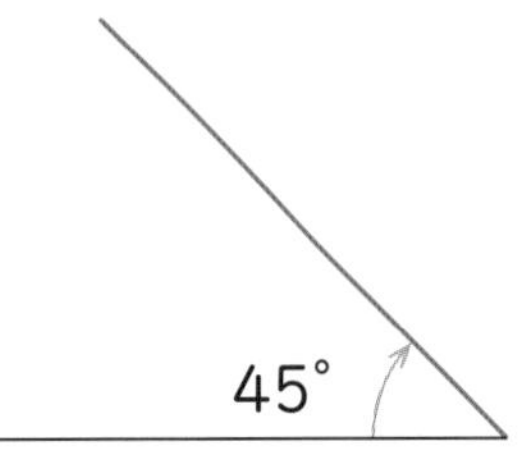

②

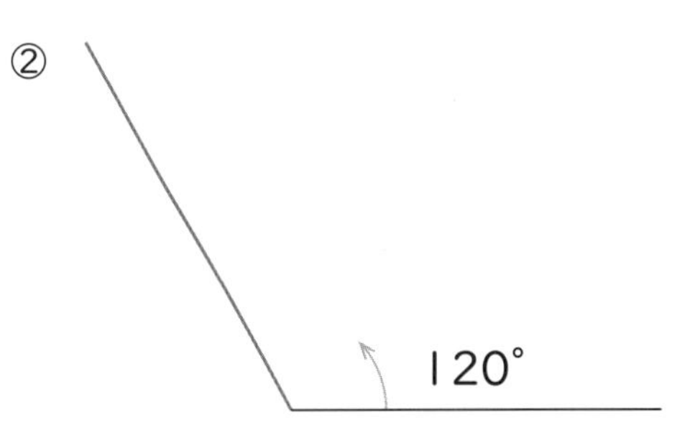

③

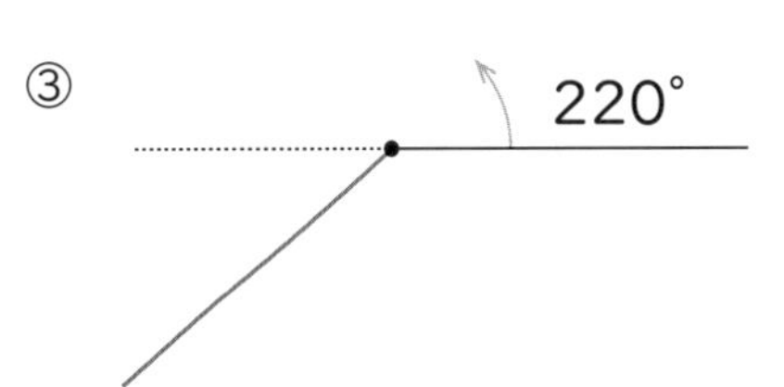

3 ①　式　$180+30=210$

答え　210°

②　式　$180-55=125$

答え　125°

③　式　$360-40=320$

答え　320°

④　式　$180-60=120$

答え　120°

ロボたまにおしえよう!　180、360

p. 74-75　21　垂直と平行

1　①

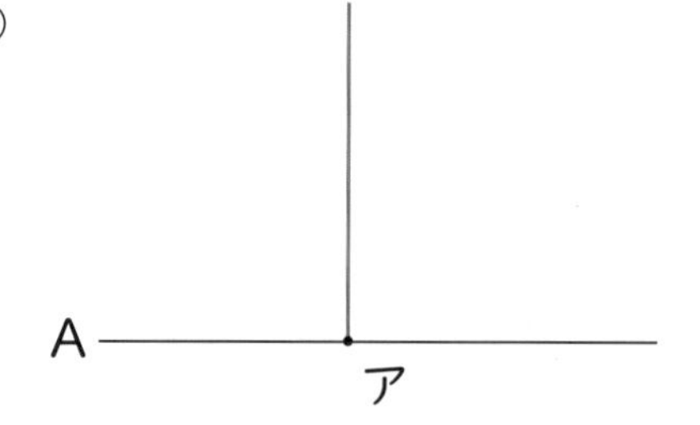

②

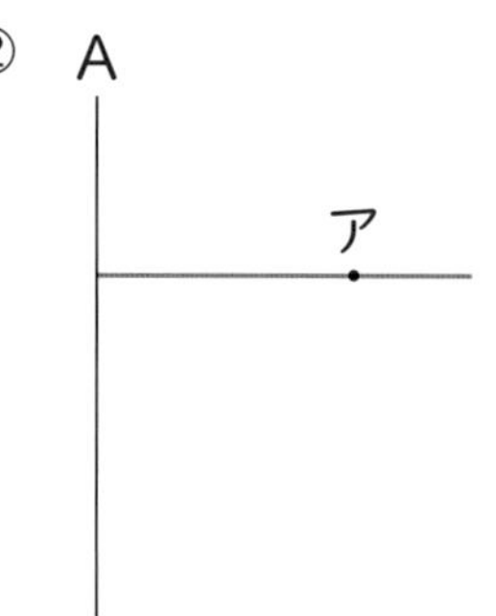

2　①

ア

A

②

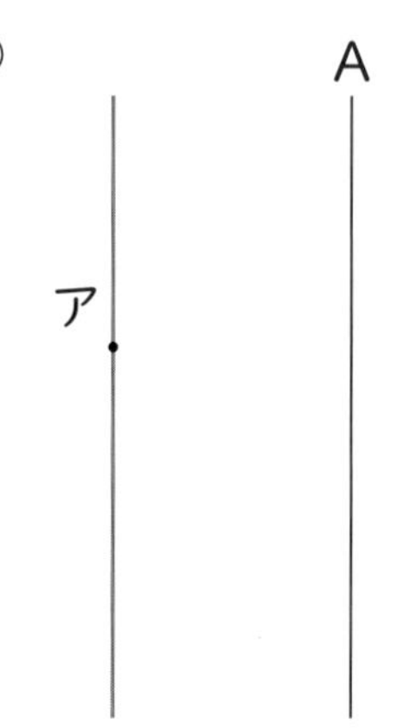

ロボたまにおしえよう!　垂直、平行

p. 76　22　いろいろな四角形の特ちょう

1　　②

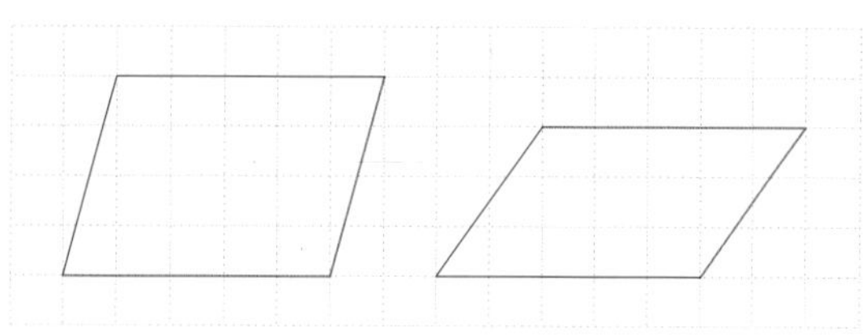

向かい合った辺が2組とも平行です。

2

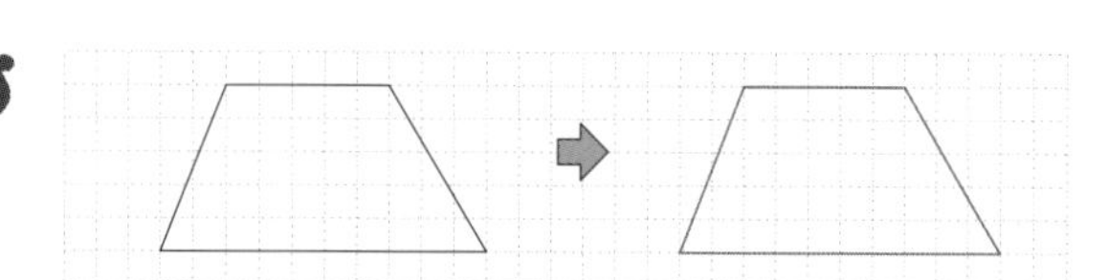

向かい合った1組の辺が平行です。

3　①　②

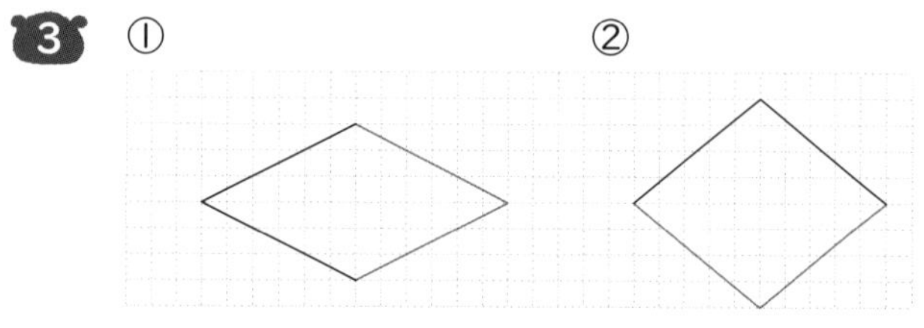

4つの辺の長さがすべて等しいです。

p. 77　23　直方体と立方体

1　①　②

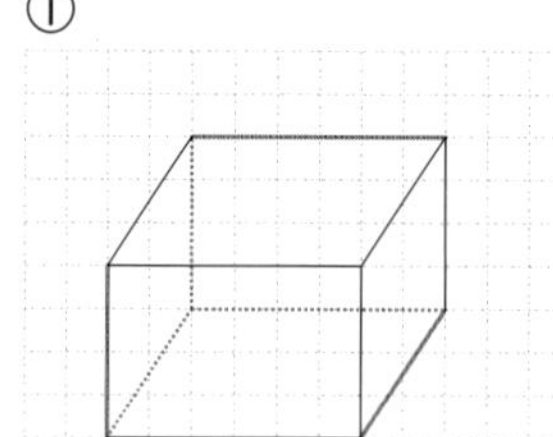

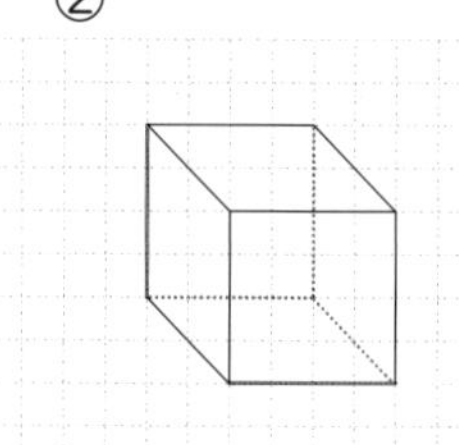

2

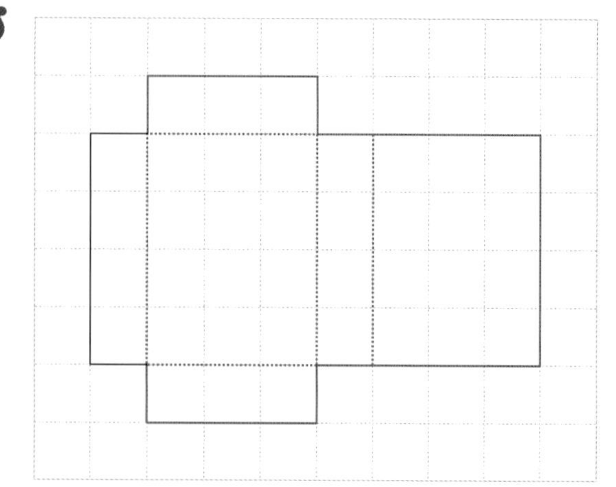

ロボたまにおしえよう！　直方体、立方体

p. 78-79  24 面積の求め方

1 ① 式　$3 \times 7 = 21$

答え　21 cm^2

② 式　$4 \times 4 = 16$

答え　16 cm^2

③ 式　$10 \times 10 = 100$

答え　100 cm^2

2 ① 式（れい）　$2 \times 5 = 10$

$3 \times 8 = 24$

$10 + 24 = 34$

答え　34 m^2

② 式（れい）　$2 \times 4 = 8$

$3 \times 11 = 33$

$8 + 33 = 41$

答え　41 m^2

③ 式（れい）　$6 \times 10 = 60$

$2 \times 5 = 10$

$60 - 10 = 50$

答え　50m^2

④ 式　$7 \times 9 = 63$

$3 \times 3 = 9$

$63 - 9 = 54$

答え　54 km^2

ロボたまにおしえよう！　たて×横、１辺×１辺